墨香财经学术文库

基于深度学习的时间序列特征表示与预测研究

Time Series Feature Representation and Forecasting with Deep Learning

张晗 著

东北财经大学出版社 Dongbei University of Finance & Economics Press 大连

图书在版编目（CIP）数据

基于深度学习的时间序列特征表示与预测研究 / 张晗著. —大连：东北财经大学出版社，2025.1. —（墨香财经学术文库）. —ISBN 978-7-5654-5531-5

Ⅰ.0211.61

中国国家版本馆CIP数据核字第202586H68B号

东北财经大学出版社出版发行

大连市黑石礁尖山街217号　邮政编码　116025

网　　址：http://www.dufep.cn

读者信箱：dufep@dufe.edu.cn

大连永盛印业有限公司印刷

幅面尺寸：170mm×240mm　字数：202千字　印张：14　插页：1

2025年1月第1版　　2025年1月第1次印刷

责任编辑：孙　平　徐　群　　责任校对：那　欣

封面设计：原　皓　　版式设计：原　皓

定价：78.00元

教学支持　售后服务　联系电话：（0411）84710309

如有印装质量问题，请联系营销部：（0411）84710711

前言

随着社会经济和信息技术的迅猛发展，时序数据的规模呈现爆炸式增长。利用先进的特征表示方法与提取技术来挖掘时序数据中的潜在价值和知识，已成为研究热点。其研究成果成功应用于多个领域，包括经济、金融、电子信息、医疗卫生等领域。时序数据通常具有高维性、动态性和不确定性等特点，这使得传统的数据表示与预测方法在时序分析中面临严峻挑战。有效的数据特征表示主要目标是通过少量特征来近似表示原始时间序列，实现有效的降维和去噪，从而提升后续时间序列预测的效率和准确性。本书主要探讨了基础深度学习方法和图深度学习方法在时序数据特征表示和预测中的应用。通过对比和结合不同的方法，本书提供一系列更完善、更高效的方法来实现对时间序列的准确快速预测。此外，通过融合不同深度学习模型提取的时间序列特征表示，可以在能源、交通、金融、组合优化等领域实现精准的特征识别与预测。这些研究不仅推动了基于深度学习的时间序列分析方法的发展，还为经济、金融、工业等应用领域提供了强有力的技术支持和决策依据。深度学习模型的应用能够显著提升管理工作的效率和效果，为具体的业务场景提供科学的指导和支持。本书的主要内容如下：

第1章主要探讨了时间序列预测的理论和实际应用。首先，本章详细介绍了基于域变换和深度学习的时间序列特征表示方法，并深入分析了这些方法在处理高维、复杂和动态时序数据中的优势。其次，本章阐述了时间序列预测在决策支持、风险管理、资源优化配置、健康管理和技术进步等方面的重要性。最后，本章强调了特征表示在提高预测模型性能中的关键作用，指出其在提升预测准确性和效率方面有不可或缺的地位。

第2章主要探讨了深度学习方法在时间序列预测领域的应用。首先，本章介绍了时间序列预测的基本概念及数学基础，描述了当前主要的深度学习架构，并分析了它们的优缺点。其次，本章讨论了深度学习在时间序列预测中模型的超参数设置和框架选择问题。在深度学习的背景下，本章详细介绍了多种深度学习架构在时序预测中的应用，包括循环神经网络（Recurrent Neural Networks，RNN）、长短期记忆（Long Short-Term Memory，LSTM）网络、卷积神经网络（Convolutional Neural Networks，CNN）等。同时，本章还探讨了这些架构在不同应用领域中的实际应用，涉及深度学习模型的实现、超参数优化和硬件性能等实际问题，并总结了用于深度学习模型开发的框架和库。最后，本章对深度学习在时间序列预测中的应用进行了全面综述，为研究人员提供了未来工作的比较框架。

第3章提出了一种创新的平移不变神经网络结构，用于时间序列预测，主要通过扩展层结合自编码器网络实现对时序数据的全局特征提取。首先，基于基2-FFT算法，本章提出了通过归一化线性变换和非线性变换组合来获取全局线性和非线性特征的扩展层，解决了现有方法在整体观察时序形态趋势变化和对异常值及噪声敏感的问题。其次，将该扩展层嵌入自编码器网络，通过样本间距离自动提取低维不变特征和全局相似性，从而解决了高维时序数据挖掘时间呈指数级增加的问题。最后，在多个现实世界的时序数据集上进行了实证分析，结果显示该方法在几乎所有情况下均表现出优异的预测性能，证明了其在多元时间序列预测中的有效性和泛化能力。

第4章根据集成学习的思想，提出了一种基于神经网络的金融时间序列预测模型ARMA-CNN-LSTM。该模型结合了CNN、LSTM和自回归移动平均（Autoregressive Moving Average，ARMA）模型，通过CNN-LSTM模型对数据的时空特征进行建模，并利用ARMA模型对数据的自相关特征进行建模，实现了对金融时序数据中线性和非线性特征的混合建模。实验结果显示，与基准模型相比，ARMA-CNN-LSTM在预测精度和鲁棒性方面表现出色，适用于更准确地建模和预测金融时序数据。

第5章深入探讨了图时间序列模型在深度学习中的应用，这些模型将时间序列分析与图建模相结合，以处理复杂的时间序列任务。时间序列和图在交通流量预测、金融市场分析和网络安全等领域中广泛存在。通过结合时间序列和图的特性，这些模型能够更准确地捕捉数据中的时间依赖性和空间关系。首先，本章介绍了图时间序列模型的基础理论和发展背景，并将这些模型分为2大类：图卷积神经网络（Graph Convolutional Neural Networks，GCNN）和图注意力神经网络（Graph Attention Neural Networks，GANN）。每一类模型又根据其属性和应用进行细分。例如，GCNN模型通过卷积操作捕捉节点之间的关系，而GANN模型则利用注意力机制对节点间的相互作用进行建模。在GCNN模型方面，本章介绍了典型的GCNN模型和图扩散卷积网络（Graph Diffusion Convolutional Networks，GDCN）等。这些模型通过将图结构融入卷积神经网络，能够有效处理节点之间的复杂关系，特别是在空间和时间维度上的依赖性。在GANN模型方面，本章详细介绍了图注意力网络的工作原理和应用场景。通过引入注意力机制，GANN模型自适应地学习节点间的权重，从而在捕捉节点之间复杂关系的同时，提高了模型的可解释性。其次，本章讨论了多种混合模型，这些模型结合了GCNN和GANN的优势，以提高预测的精度和鲁棒性。通过对比不同模型在多个常用数据集上的性能，如交通流量数据集METR-LA和PEMS-BAY以及水处理数据集SWAT和WADI，本章总结了各种模型在不同任务中的优劣，并提供了改进模型性能的潜在方法。最后，本章讨论了未来研究的潜在方向，如更高效的图结构学习方法、针对大规模数据的可扩展模型以及更具解释性的模型设计。通过提供详细的模型分类、性能对比和应用场景分析，本章为研究人员在图时间序列模型领域的进一步研究提供了宝贵的参考和指导。

第6章提出了一种基于图神经网络（Graph Neural Networks，GNN）的多元时间序列预测模型（Graph Neural Networks for Multivariate Time Series，MTSGNN），旨在解决传统方法中忽略样本间相互依赖性的问题。多元时间序列预测在经济、交通等领域有着广泛应用，但由于时序数据样本之间存在复杂的依赖关系，传统模型在捕捉这些关系时往往表现不足。为此，MTSGNN引入了图学习模块，通过数据驱动的方法自动捕捉时序数据中的静态和动态关系。静态图学习利用注意力机制提取不同时序样本间的潜在相关性，动态图学习通过距离网络捕捉不同时序样本之间的动态关系。为了融合这2种信息，模型设计了图交互模块，使得静态图和动态图的结构信息能够相互补充和收敛，从而提升预测效果。实验结果表明，MTSGNN在6个真实数据集上的预测性能显著优于现有的基线模型，特别是在处理复杂的多元时序数据时表现突出。相比其他模型，MTSGNN不仅提高了预测准确性，还展示了较高的运算效率和参数优化能力。通过详细的实验对比，MTSGNN验证了融合静态和动态信息在多元时间序列预测中的重要性和有效性。总体来说，本章提出的MTSGNN模型为多元时间序列预测提供了一种创新的解决方案，具有较强的实际应用价值。

第7章提出了一种基于动态图的时间序列预测方法，旨在解决传统时空模型假设空间结构静态的问题。该方法结合了时变邻接空间上的时间卷积和张量图卷积层（Tensor Graph Convolutional Layer，TGCL），能够有效地捕捉图的动态变化。通过引入Dyn-STGCN模型和Dyn-GWN模型，来展示它们在多个领域数据集上的有效性。具体来说，Dyn-STGCN模型和Dyn-GWN模型分别在金融市场数据集和交通数据集上进行了测试和验证。在金融市场数据集方面，使用了S&P500数据集，并测试了股票波动率预测任务。实验结果显示，Dyn-STGCN在预测性能上明显优于静态图模型和传统统计方法。在交通数据集方面，使用了METR-LA和PEMS-BAY数据集，对Dyn-GWN模型的多步预测能力进行了评估。结果表明，Dyn-GWN模型在所有评估指标上均优于静态图模型GWN，并且在预测性能上显著超过了其他动态图模型。此外，Dyn-GWN模型的训练和推理速度远快于EvolveGCN，显示了其在计算效率上的巨大优势。通过这些实验验证，本章所提出的基于动态图的时间序列预测方法在处理复杂动态关系方面展示了强大的能力。这为未来在金融、交通等领域的时间序列预测提供了一个有效且高效的工具，并为进一步研究提供了新的方向。

第8章提出了一种基于广义梯度的组合优化问题求解方法，旨在解决线性目标函数组合问题在实际应用中的不可微难题。该方法利用黑盒组合算法，通过单次运行有效计算出目标值的广义梯度。具体来说，对于整数线性规划（Integer Linear Program，ILP）问题，其目标值关于问题中的参数的广义梯度存在，并能被有效计算。通过实验，本章验证了该方法在2个应用中的有效性：弱监督图像分类和使用SoftMax或Gumbel-Softmax的可微Encoder-Decoder结构的全局序列比对问题。在弱监督图像分类实验中，算法通过二分匹配方式，利用组合优化问题的目标值梯度，提供多元素损失，有效解决了传统交叉熵损失在标签不明确情况下的局限性。在全局序列比对实验中，通过将序列比对问题转化为ILP问题，并计算匹配代价和Gap代价的广义梯度，实现了对文本摘要任务的优化。结果显示，与现有方法相比，本章提出的方法在训练过程中更加稳定，其预测更加准确、高效。此外，本章还与现有文献对比，指出传统的启发式方法和主流求解器在大规模组合优化问题上的不足，并展示了广义梯度方法的优越性。总之，该方法不仅在理论上证明了其有效性，在实际应用中也展示了其快速、稳定和高效的优势。

第9章对全书内容进行了总结，并对时间序列预测的未来发展与应用进行了展望。

本书的研究成果通过不同实验，检验了它们对时序数据不同的特征表示进行提取并用于后续预测的有效性，进一步完善了时序数据挖掘中特征表示和时序预测方法在理论技术与应用管理方面的研究。

本书的出版得到辽宁省应用基础研究计划（项目编号：2023JH2/101600040）以及辽宁省教育厅基本科研项目（项目编号：LJKMZ20221598）的资助，在此深表谢意。

张　晗

2024年7月

目录

1 概述

1.1 研究意义

时间序列预测广泛应用于经济、金融、天气预报、库存管理等多个领域，它是一种利用历史数据预测未来趋势的方法，其核心在于通过对已知数据的分析，建立数学模型，从而对未来的数据进行预测。时序数据通常是高维的，且随着时间复杂变化的，它的产生过程极易受到环境因素的影响，并存在一定的噪声。此类复杂数据对社会生产实践和科学研究具有重要的理论研究价值和现实意义，其重要性体现在以下方面：

一是决策支持。时间序列预测为决策提供了重要依据。无论是企业管理者还是政府决策者，都依赖于对未来趋势的预测来制定战略。例如，企业可以通过销售数据的时间序列预测未来的需求，从而优化库存管理，降低成本。政府可以通过经济指标的时间序列预测经济走势，调整宏观经济政策，促进经济健康发展。

二是风险管理。在金融领域，时间序列预测是风险管理的核心工具。投资者通过预测股票、债券、外汇等金融资产的未来价格走势，做出投资决策，规避潜在风险。银行和其他金融机构通过预测贷款违约率，调整信贷政策，降低金融风险。保险公司通过预测自然灾害发生频率和强度，制定保险费率和理赔政策，增强自身的抗风险能力。

三是资源优化配置。在能源和资源管理领域，时间序列预测有助于优化资源配置。例如，通过预测未来的电力需求，电力公司可以合理安排发电计划，避免电力浪费，降低生产成本。水资源管理部门通过预测降水量和水库水位变化，制订合理的调度方案，保障供水安全。物流企业通过预测货物运输需求，优化运输路线，提升物流效率。

四是健康管理。在医疗健康领域，时间序列预测可以用于疾病预防和健康管理。例如，通过对传染病疫情的时间序列分析，卫生部门可以预测疫情的发展趋势，提前采取防控措施，减少疫情的传播。医院可以通过预测患者的入院量和疾病类型，优化资源配置，提高医疗服务水平。在个人健康管理方面，时间序列预测可以帮助人们监测健康指标的变化，及时发现潜在的健康问题，采取预防措施。

五是气象预测。气象预测是时间序列预测的经典应用之一。准确的气象预测对农业、交通、航空、海洋运输等行业具有重要意义。通过对气象数据进行时序分析，可以预测未来的天气变化，指导农业生产，减少自然灾害带来的损失。航空公司可以通过气象预测，合理安排航班，保障飞行安全。海洋运输公司可以根据气象预测，调整航线，确保航运安全。

六是技术进步。时间序列预测技术的发展推动了大数据、人工智能、机器学习等前沿技术的进步。通过对时间序列特征表示与预测的研究，可以促进算法和模型的创新。例如，深度学习在时间序列预测中的应用，显著提升了预测精度，拓展了应用场景。另外，时间序列预测技术的发展也推动了计算机硬件和软件的升级，增强了数据处理能力。

总之，时间序列特征表示与预测的研究在理论和实践上都具有重要意义。它不仅为各领域的实际问题提供了解决方案，还推动了相关学科的发展和技术的进步。随着数据规模的不断扩大和计算能力的提升，时间序列预测技术将在更多领域发挥重要作用，为社会经济发展提供强有力的支持。

此外，由于时序数据自身的高维特性，在实际应用中，通常需要对时序数据进行预处理，其中包括全局和局部特征提取、降低原时间序列的维度等任务，从而能够更加有效、合理地进行时间序列挖掘与预测。聚类、分类、模式发现、规则提取、异常检测、相似性检索和可视化等较为普遍的提取特征表示的数据挖掘方法，可以从大量时序数据中发现潜在有用的信息和知识。然而，时序数据因具有时间特性，其数量会随着时间的推移而不断增多，数据的高维、动态、不确定性等特点阻碍了时间序列特征表示与预测的效率。若直接利用数据挖掘算法对时序数据进行特征抽取，计算的时间成本和空间资源消耗量不仅会很大，而且会影响最终算法和模型预测的准确性与可靠性。因此，如何有效地提高时间序列特征表示的质量是研究时序数据预测的前期基础以及重点与难点。

时间序列特征表示是时间序列预测的关键步骤之一。有效的特征表示能够捕捉时间序列中的主要信息，降低数据的复杂性，从而提高模型预测的性能。特征表示的质量将直接影响预测结果的准确性和可靠性。因此，如何有效地对时间序列进行特征表示具有重要的研究意义。目前，时间序列特征表示的研究得到越来越多的关注，它可以被拓展和应用到时序数据挖掘领域与时间序列趋势分析与预测中，最终有效地在时序数据集中发现潜在有价值的信息和知识。用于时间序列的特征表示方法可分为基于域变换的特征表示方法和基于深度学习等模型的特征表示方法。

1.2 时间序列特征表示与预测方法

1.2.1 基于域变换的时间序列特征表示与预测方法

基于域变换的方法通过将时序数据从时间域转换到其他域（如频域、时域等），以便提取更具代表性的特征。这些方法在信号处理、图像处理和机器学习等领域有着广泛的应用。选择适合的域变换方法可以有效提升特征表示的效果，从而提高后续任务（如分类、预测等）的性能。以下是一些常见的基于域变换的时间序列特征表示方法：

（1）傅里叶变换（Fourier Transformation）

傅里叶变换是一种数学工具，主要用于将信号从时域转换到频域。它通过将信号分解成不同频率的正弦和余弦波，使得我们可以分析信号的频谱特性。在时间序列预测中，傅里叶变换发挥着重要作用。首先，傅里叶变换可以帮助我们识别时间序列中的周期性成分。通过分析频域中的频率成分，我们可以发现数据中的周期性模式，这对于建模和预测非常重要。例如，电力消耗、气温变化等时间序列往往具有明显的周期性，通过傅里叶变换可以识别这些周期变化。其次，傅里叶变换有助于降噪和信号平滑。实际的时序数据常常受到噪声的干扰，直接影响预测的准确性。傅里叶变换可以通过滤波器去除高频噪声，保留主要信号成分，从而提高预测模型的性能。最后，傅里叶变换可以用于特征提取。在机器学习和深度学习的时间序列预测中，频域特征常被用作模型的输入。通过傅里叶变换提取频域特征，可以增强模型对时间序列复杂模式的捕捉能力。总之，傅里叶变换通过识别周期性、降噪和平滑信号以及特征提取，显著提升了时间序列预测的效果。

（2）小波变换（Wavelet Transformation）

小波变换是一种强大的信号处理工具，它能够在时域和频域上提供多分辨率分析，特别适合处理非平稳信号。在时间序列预测中，小波变换发挥着重要作用。首先，小波变换可以进行多尺度分析。通过将时间序列分解为不同尺度的小波系数，我们能够同时捕捉信号的局部细节和整体趋势。这对于捕捉时间序列中的突变点和长期趋势非常有效。例如，金融数据中的短期波动和长期趋势可以通过小波变换分别分析和建模，从而提高预测的精确度。其次，小波变换具有良好的去噪能力。实际的时序数据常常包含噪声，这会影响预测的准确性。小波变换能够在不同尺度上分离信号和噪声，通过选择性保留重要的小波系数，可以有效去除噪声，提高预测模型的鲁棒性和准确性。最后，小波变换可以用于特征提取。在机器学习和深度学习的时间序列预测中，通过小波变换提取的多尺度特征，可以增强模型对复杂时间序列模式的捕捉能力。这些特征可以作为输入用于各种预测模型，从而提升预测效果。总之，小波变换通过其多尺度分析、去噪能力和特征提取能力，显著提升了时间序列预测的效果。它能够帮助我们更好地理解和预测复杂的时序数据，广泛应用于金融市场预测、气象预报、工程监测等领域。

（3）短时傅里叶变换（Short-Time Fourier Transformation，STFT）

短时傅里叶变换是一种将信号分割成短时间段并对每个时间段进行傅里叶变换的方法。通过这种方法，STFT能够在时间和频率上同时提供信息，是分析非平稳信号的有力工具。在时间序列预测中，STFT也有其独特的应用和优势。首先，STFT能够提供时间-频率分布，这对于捕捉时间序列中的动态变化非常有用。在许多实际应用中，时序数据并非静态，而是随时间变化的。例如，心电图信号、语音信号，以及金融市场数据等都包含时间变化的频率成分。通过STFT，我们可以观察这些频率成分随时间的变化，从而更好地理解信号的动态特性，为预测模型提供更丰富的信息。其次，STFT有助于特征提取。在机器学习和深度学习的时间序列预测中，特征的选择和提取至关重要。通过STFT，我们可以将时序数据转换为时间-频率域的表示，提取出与预测相关的频率特征。这些特征可以用作模型的输入，从而提升预测的准确性。例如，在语音识别和音频分类中，STFT常用于提取梅尔频率倒谱系数（Mel-Frequency Cepstral Coefficients，MFCCs），这些系数是语音信号的重要特征。最后，STFT可以用于检测时间序列中的瞬态事件和周期性变化。瞬态事件是指短暂但显著的信号变化，如地震信号中的震动波形，以及金融市场中的突发波动等。通过STFT，我们可以在时间-频率域内识别和分析这些瞬态事件，为预测模型提供有价值的信息。同样，周期性变化也是时间序列预测中的一个重要方面，通过STFT可以清晰地识别并分析这些变化模式。总之，短时傅里叶变换在时间序列预测中具有重要作用。它不仅能够提供时间-频率分布，帮助捕捉信号的动态变化，还能够有效提取特征，检测瞬态事件和周期性变化。通过结合STFT分析，预测模型能够更全面地理解和处理时序数据，从而提升预测性能。在语音识别、金融预测、医学信号分析等领域，STFT的应用已经显示出其巨大潜力和优势。

（4）希尔伯特变换（Hilbert Transformation）

希尔伯特变换是一种重要的信号处理工具，它能够将实值信号转换为复值信号，通过提供信号的瞬时幅值和瞬时相位信息，可以在分析和处理时序数据中发挥重要作用。希尔伯特变换在时间序列预测中的应用主要体现在以下方面：首先，希尔伯特变换可以用于瞬时频率的计算。瞬时频率描述了信号在某一时刻的频率变化情况，对于分析非平稳信号非常有用。例如，在经济和金融领域，市场波动的频率可能随着时间变化，通过希尔伯特变换可以获得这些变化的详细信息，从而为预测模型提供更精确的输入。其次，希尔伯特变换能够提取信号的包络（Envelope）。包络是信号幅值随时间变化的曲线，能够反映信号的整体趋势和局部特征。例如，在地震信号分析中，包络可以帮助我们识别主要地震波的到达时间和衰减情况；在机械故障检测中，包络可以揭示振动信号中的故障特征频率，从而为故障预测提供依据。此外，希尔伯特变换还可以与其他信号处理方法结合使用。例如，希尔伯特-黄变换（Hilbert-Huang Transformation，HHT）结合了希尔伯特变换和经验模态分解（Empirical Mode Decomposition，EMD），可以自适应地分解信号为本征模态函数（Intrinsic Mode Functions，IMFs），并对每个模态进行希尔伯特变换以提取瞬时频率和包络。这种方法在处理非线性和非平稳信号方面具有显著优势，广泛应用于气象数据、金融数据和生物医学信号的分析和预测。最后，希尔伯特变换在特征提取中也发挥着重要作用。通过希尔伯特变换获得的瞬时幅值和瞬时相位信息可以用作机器学习模型的特征输入，从而提升预测的准确性和鲁棒性。例如，在语音信号处理和电力负荷预测中，希尔伯特变换提取的特征能够显著提高模型的性能。总之，希尔伯特变换通过提供包络、瞬时频率和瞬时相位信息，为时间序列预测提供了丰富的特征和分析工具。结合其他信号处理方法，希尔伯特变换能够更有效地处理非线性和非平稳信号，从而提升预测模型的准确性和鲁棒性。

（5）短时自相关（Short-Time Autocorrelation）

短时自相关是分析信号时间依赖性的一种方法，通过计算信号在不同时间延迟下的自相关函数，揭示信号在不同时间段内的重复模式和周期性。在时间序列预测中，短时自相关有重要的应用和意义。首先，短时自相关可以识别时间序列中的周期性成分。时序数据中的周期性模式对于预测未来趋势至关重要。通过短时自相关分析，可以确定信号在不同时间窗口内的周期性变化，从而帮助建立预测模型。例如，在气象数据、金融市场分析和电力负荷预测中，周期性成分的识别和建模能够显著提高预测的准确性。其次，短时自相关分析有助于检测时间序列中的变化点和趋势。变化点是指信号特征发生显著变化的时间点，而趋势则是信号在较长时间段内的变化方向。通过计算短时自相关函数，可以识别这些变化点和趋势，从而在预测模型中进行相应的调整。例如，在监控设备故障和经济指标分析中，检测到的变化点和趋势信息可以为预测模型提供重要的参考依据。此外，短时自相关可以用于信号降噪和平滑。实际时序数据常常包含噪声，这会影响预测的准确性。通过短时自相关分析，可以分离信号中的有用成分和噪声，从而实现信号的平滑和降噪，提高预测模型的鲁棒性。例如，在处理股票价格和气象数据时，短时自相关分析能够有效去除短期噪声，突出长期趋势和周期性成分。最后，短时自相关还可用于特征提取和模型输入。在机器学习和深度学习的时间序列预测中，通过短时自相关提取的特征可以作为模型的输入，从而提升模型的预测性能。例如，在语音识别和音频处理中，短时自相关系数是常用的特征，能够有效捕捉信号的时间结构和频率特性。总之，短时自相关通过识别周期性成分、检测变化点和趋势、实现信号降噪和平滑，以及提取特征，为时间序列预测提供了强有力的工具。它能够帮助预测模型更好地理解和处理时序数据，提高预测的准确性和鲁棒性，广泛应用于金融、气象、工程和生物医学等领域。

（6）S-变换（S-Transformation）

S-变换是一种结合了STFT和小波变换优点的时频分析方法。它通过将信号分解为不同尺度和频率成分，并提供时频局部化信息，从而在分析和处理时序数据中具有重要应用。在时间序列预测中，S-变换有以下5个关键作用：第一，提供高分辨率的时频分析。S-变换能够提供信号在不同时间和频率上的详细分布，帮助捕捉时间序列中的非平稳特性。与傅里叶变换相比，S-变换能够在不同时刻提供信号的频率信息，类似于短时傅里叶变换，但具有更高的频率和时间分辨率。这对于分析复杂的时间序列信号，如地震波、金融市场数据等，非常有用。第二，识别周期性和瞬时事件。通过S-变换，可以识别信号中的周期性成分和瞬时事件。周期性成分对于长期趋势的预测至关重要，而瞬时事件则可能指示异常情况或突发事件。例如，在电力负荷预测中，周期性变化反映了日常使用模式，而突发的负荷变化则可能预示设备故障或外部干扰。S-变换能够同时捕捉这2类信息，为预测模型提供更全面的输入。第三，降噪和信号平滑。实际的时序数据通常受到噪声的影响，这会降低预测的准确性。S-变换通过其时频局部化特性，可以在频域内滤除噪声，从而提取出信号的主要成分。这种降噪和信号平滑的能力对于提高预测模型的性能非常重要。例如，在处理心电图信号时，S-变换可以有效去除高频噪声，保留心跳的主要特征，从而提高心率预测的准确性。第四，特征提取和模型输入。S-变换可用于提取时间序列中的多种特征，如瞬时频率、幅值和相位信息。这些特征可以作为机器学习和深度学习模型的输入，从而提升预测的效果。例如，在语音识别和音频分类中，S-变换提取的时频特征可以显著提高模型的识别准确率。同样，在金融市场分析中，S-变换提取的频率特征可以帮助捕捉市场波动的规律，提升价格预测的效果。第五，提升模型的适应性。由于S-变换能够同时处理线性和非线性信号、平稳和非平稳信号，它在时间序列预测中具有很强的适应性。无论是气象数据的长期趋势预测，还是短期的地震波监测，S-变换都能提供有效的分析手段，帮助我们构建更为灵活和准确的预测模型。总之，S-变换通过其高分辨率的时频分析能力、降噪和信号平滑功能、特征提取以及模型输入的多样性，为时间序列预测提供了强有力的工具。它能够帮助预测模型更好地理解和处理复杂的时序数据，从而提升预测的准确性和鲁棒性，广泛应用于金融、气象、工程、医疗等多个领域。

1.2.2 基于深度学习模型的时间序列特征表示与预测方法

基于深度学习的时间序列特征表示方法通过训练神经网络从数据中自动提取特征，能够有效处理复杂的、非线性和高维度的时序数据。这些方法在金融预测、医疗诊断、工业监控等多个领域具有广泛的应用前景。选择合适的深度学习模型能够显著提升时间序列分析的性能，从而提高实际应用的效果。典型的深度学习模型包括：

（1）卷积神经网络（Convolutional Neural Networks，CNN）

卷积神经网络最初主要应用于计算机视觉领域，用于处理图像数据。然而，近年来，CNN在时间序列预测中的应用也逐渐得到关注，并展现出强大的特征提取能力。时间序列预测是指基于历史数据预测未来数据点的过程，在金融、气象、医疗等领域具有广泛应用。CNN主要由卷积层、池化层和全连接层组成。卷积层通过卷积核（滤波器）滑动窗口的方式提取局部特征，池化层通过下采样减小特征图的尺寸，降低计算复杂度。由于卷积操作中的权重共享和局部连接机制，CNN可以有效捕捉数据的局部模式和时空结构。在时间序列预测中，输入数据通常是一维时间序列，而不是二维图像。因此，CNN的卷积操作可以应用于一维数据（即Conv1D），通过滑动窗口在时间维度上提取特征。这种方式能够自动学习时间序列中的模式和趋势，而无须手工设计特征。CNN提取特征能力强，参数较少且训练更高效。CNN的卷积操作具有平移不变性，适用于平移不变的时序数据。然而，CNN在处理长时依赖关系时不如循环神经网络和Transformer模型有效。此外，CNN需要大量的数据进行训练，以捕捉复杂的时间序列模式。在实际应用中，CNN已经被用于金融市场预测、天气预测、工业设备监控等领域。例如，在金融市场中，CNN可以预测股票价格走势；在天气预测中，CNN可以基于历史气象数据预测未来天气情况；在工业设备监控中，CNN可以预测设备的故障或维护需求。卷积神经网络在时间序列预测中展现出强大的特征提取能力，尤其是在提取局部特征方面。然而，为了处理长时依赖关系，通常需要将CNN与其他模型（如RNN、LSTM）结合使用。通过适当的数据预处理和模型设计，CNN能够在多种时间序列预测任务中取得良好的性能。

（2）循环神经网络（Recurrent Neural Networks，RNN）

循环神经网络在时间序列特征表示与预测中具有显著优势，能够有效捕捉时间依赖性，并通过高级结构（如LSTM和GRU）改进标准RNN的不足。这使得RNN在实际应用中具有很高的实用价值，能够为各种时间序列预测任务提供强大的支持。RNN具有以下特点：第一，捕捉时间依赖性。RNN能够捕捉序列中的时间依赖关系。RNN通过循环结构可以记住前面的信息，并将其应用到当前的预测中。第二，特征表示的连续性。在时序数据中，前后数据点之间通常存在相关性。RNN的循环单元能够持续更新隐状态，从而保留了这种连续性，使得模型能够对序列中的每一个时间点进行上下文关联。第三，特征提取。RNN能够自动提取时间序列中的重要特征，不需要进行复杂的手工特征工程，可以大幅度降低前期处理的工作量，这对于处理大规模、高维度的时序数据尤为重要。第四，模型的鲁棒性。RNN对时间序列中的噪声和不规则性具有一定的鲁棒性。通过循环结构，这类模型能够平滑噪声的影响，从而更稳定地进行预测。第五，长短期记忆（Long Short-Term Memory，LSTM）和门控循环单元（Gated Recurrent Unit，GRU）。为了改善标准RNN的长时依赖问题，LSTM和GRU被引入。LSTM通过引入遗忘门、输入门和输出门来控制信息的流动，从而能够捕捉长时依赖关系。GRU则通过重置门和更新门来实现类似功能，但结构更为简洁。第六，序列到序列（Sequence-to-Sequence，Seq2Seq）模型是一种特殊的RNN架构，常用于需要输入和输出都是序列的数据，如机器翻译、文本摘要等。在时间序列预测中，Seq2Seq模型可被应用于多步预测，即通过一个输入序列预测出一个未来的输出序列。

（3）自编码器（Autoencoder，AE）

自编码器是一种无监督学习模型，该类模型通过编码器将输入的数据编码为低维的表示，再利用解码器和低维表示对输入数据进行重建，从而学习到输入数据中的低维特征表示。因此，AE常用于特征表示、降维和数据压缩。对于时间序列特征表示与预测，AE也有其独特的优势和应用：第一，AE能够学习时序数据的低维表示，通过编码器将输入数据映射到一个潜在空间，再通过解码器将其重构为原始数据。这种方式能够提取时间序列中的关键特征，去除冗余信息，从而实现降维和特征压缩。第二，去噪自编码器（Denoising Autoencoder，DAE）通过在训练过程中加入噪声，学习在有噪声的数据中提取干净的特征。这对于时序数据尤其有用，因为时序数据常常包含噪声。通过去噪自编码器，可以提高特征表示的鲁棒性，从而提升预测性能。第三，变分自编码器（Variational Autoencoder，VAE）是一种生成模型，通过学习数据的潜在分布来生成新的样本。在时间序列预测中，VAE可被用于生成未来的时间序列样本，从而辅助预测任务。此外，VAE能够捕捉时间序列中的复杂分布特性，为后续的预测提供更丰富的信息。VAE常应用于时间序列生成（如合成传感器数据、模拟市场行为等）以及异常检测。第四，将AE与RNN结合起来，可以进一步提升时间序列特征表示与预测的效果。例如，LSTM自编码器利用LSTM单元处理时序数据中的长时依赖关系，同时进行特征压缩和重构。这种结构能够更有效地捕捉时间序列中的动态特征。第五，Seq2Seq自编码器是一种特殊的自编码器结构，常用于需要输入和输出都是序列的数据。在时间序列预测中，Seq2Seq自编码器可用于多步预测，通过一个输入序列生成未来的预测序列。这种方式可以捕捉输入序列和预测序列之间的复杂关系，从而提升预测性能。自编码器在时序数据中的应用场景包括：异常检测（通过训练自编码器重构时间序列，检测重构误差较大的样本，进而识别异常点）、数据压缩（自编码器能够将高维时序数据压缩到低维潜在空间，实现数据的有效压缩和存储）和特征预处理（自编码器可以作为特征提取器，为后续的监督学习任务提供高质量的特征表示）等。此外，AE模型具有很强的灵活性，可以根据具体的应用需求进行调整和扩展。例如，AE模型可以结合CNN处理时空数据，或者结合注意力机制增强对重要时间点的关注度。因此，AE在时间序列特征表示与预测中具有独特的优势，通过特征提取、降维和数据重构等方式，能够提升时序数据的表示质量和预测性能，再结合其他模型（如RNN、CNN等），可以进一步增强其处理复杂时序数据的能力。

（4）注意力机制（Attention Mechanism）

注意力机制在时间序列特征表示与预测中的应用日益广泛。它通过动态地关注输入序列中最相关的部分，有效提升了模型的表现。注意力机制在时间序列特征表示与预测中的主要影响和优势包括：第一，动态特征加权。传统的RNN模型和LSTM模型在处理长序列时，可能会丢失重要信息。注意力机制通过计算每个时间步长的权重，动态地调整模型对不同时间步长的关注度，从而更有效地捕捉关键特征。这对于时序数据中特定时间点的重要性变化非常有用。第二，改善长时依赖问题。在长时间序列中，早期的时间步长信息可能对当前的预测非常重要。RNN模型在这方面表现较差，而注意力机制能够直接关注远距离的时间步长，显著改善长时依赖问题，提高预测准确性。第三，解释性增强。注意力机制的一个重要优点是其可解释性。通过观察注意力权重的分布，可以理解模型在预测时关注的时间步长。这在金融、医疗等领域尤为重要，因为可解释性能够帮助用户理解和信任模型的预测结果。第四，在Seq2Seq模型中的应用。在Seq2Seq模型中，注意力机制能够帮助解码器在每一步生成时参考输入序列的不同部分，从而提升翻译、文本摘要等任务的效果。在时间序列预测中，Seq2Seq模型结合注意力机制可以更好地处理多步预测任务，通过对输入序列不同部分的动态关注，提高预测的精度。第五，多头注意力机制（Multi-Head Attention Mechanism）。多头注意力机制通过并行的多个注意力头，从不同的子空间中提取特征，捕捉更丰富的模式和信息，这在复杂时序数据中尤其有效，能够提升模型的泛化能力和预测性能。第六，自注意力机制（Self-Attention Mechanism）。自注意力机制在时间序列特征表示中也有广泛应用，尤其是Transformer模型的引入。自注意力机制允许模型在序列内不同时间步长之间建立直接联系，捕捉全局信息。这使得Transformer模型在时间序列预测任务中表现出色，尤其在处理长时间序列和并行计算方面优势明显。此外，注意力机制可以与RNN、LSTM、CNN等模型结合使用，形成混合模型，进一步提升时间序列特征表示与预测的效果。例如，Attention-based LSTM模型通过将注意力机制应用于LSTM的输出，提高了长时依赖的捕捉能力。因此，注意力机制通过动态地关注输入序列中最相关的部分，显著提升了时间序列特征表示与预测的性能。它不仅改善了长时依赖问题，还增强了模型的解释性和预测准确性。随着Transformer模型等新模型的引入，注意力机制在时间序列分析中的应用将越来越广泛和深入。

（5）Transformer模型

Transformer模型最初在自然语言处理领域取得了巨大成功，近年来也被应用于时序数据，主要因为其在捕捉长时依赖关系和并行处理方面的显著优势：第一，Transformer模型使用自注意力机制，允许模型在序列内不同时间步长之间建立直接联系。这种机制使得模型能够关注整个序列中的关键部分，而不仅仅是局部信息。这对于捕捉长时依赖关系尤其有用，显著改善了RNN模型在处理长时间序列时遇到的梯度消失问题。第二，Transformer模型不依赖于序列顺序进行处理，能够并行处理输入数据。这大大提高了模型训练和推理的速度，尤其在处理长时序数据时，表现出明显的效率优势。第三，Transformer模型的可扩展性使其能够处理大规模数据集和复杂任务。通过堆叠多个编码器层和解码器层，Transformer模型能够捕捉更丰富的特征表示，提升预测性能。第四，对于一些不均匀间隔的时序数据，Transformer模型能够灵活处理，通过注意力机制捕捉时间步长之间的关系，而不受固定时间间隔的限制。这使得Transformer模型在各种时序数据场景中具有广泛的适用性。第五，通过观察Transformer模型的注意力权重分布，可以理解模型在预测时关注的时间步长和特征。这在实际应用中提升了模型的解释性，帮助用户理解模型决策的依据。第六，Transformer模型可以与其他模型（如RNN、LSTM、CNN等）结合使用，形成混合模型，进一步提升时间序列特征表示与预测的效果。例如，结合CNN提取局部特征，结合RNN处理序列依赖，实现更加精细的预测。总之，Transformer模型在时间序列特征表示与预测中具有显著优势，通过自注意力机制的捕捉长时依赖关系、并行处理提升效率、多头注意力机制提取丰富特征和在复杂任务中的可扩展性，使得Transformer模型成为处理时序数据的强大工具。随着研究的深入和应用的拓展，Transformer模型在时间序列分析中的应用前景将更加广阔。

1.3 本章小结

时间序列预测通过分析历史数据建立模型，预测未来趋势。时间序列预测应用广泛，涵盖经济、金融、库存管理等领域，具有重要的决策支持、风险管理和资源优化配置等意义。本书利用不同深度学习方法提取时序数据中不同类型的特征（如动态和静态、全局和局部），对时序数据进行更好的表示，以对后续时间序列进行更有效、更准确的预测。总之，时间序列特征表示与预测技术在理论和实践上都具有重要意义，推动了大数据、人工智能和机器学习技术的发展，为社会经济发展提供了强有力的支持。

2 用于时间序列预测的基础深度学习方法

时间序列预测已成为一个高度活跃的研究领域，近年来对其研究的力度不断增加。深度神经网络（Deep Neural Networks，DNN）在许多应用领域中因其出色的表现，俨然成为解决大数据问题的主要机器学习方法之一。本章首先对时间序列预测及其数学基础进行介绍；其次，对当前应用于时序预测的主要深度学习架构以及它们的优点和局限性进行描述；最后，对用于时间序列预测的深度学习模型在具体应用时存在的超参数设置和框架选择等问题进行了讨论。

2.1 引言

在过去的十多年中，由于智能传感器和社交媒体平台的大规模部署，这些传感器和社交媒体平台产生了海量数据，许多新的挑战也应运而生。例如，如何将这些数据存储下来以及如何为处理这些数据提供所需的计算资源[1][2][3]。在这种背景下，大数据分析作为一个重要的科学过程出现了，它专注于有效地收集、组织和分析大数据，目的是发现数据中的模式并提取其中有价值的信息[4]，这有助于大多数组织发现新的机会并采取更明智的行动，从而提高运作的有效性并获取更高的利润[5]。

从目前大数据中使用的所有学习范式来看，深度学习因其随着数据规模的增加而表现突出[6]。深度学习中每层的计算都可以通过强大的图形处理单元（Graphical Processing Unit，GPU）并行完成。因此，深度学习能以更快的速度提供更高的准确性。深度学习模型可以通过层数的增加来处理更加复杂的非线性关系，但这也会带来更高的计算成本[7]。

深度学习可以应用于许多研究领域。在有监督（supervised）和无监督（unsupervised）问题上的应用可以在文献中大量找到。模式识别和分类任务是深度学习最直接、最相关的应用，并在语音识别、文本挖掘和图像分析方面取得了巨大成功[8]。近年来，由于深度学习架构的发展，深度学习在回归问题中的应用现在变得相当流行，特别是在处理时间序列预测问题方面[9]。时间序列是一组以均匀的时间间隔收集并按时间顺序排序的观察值。根据这个定义，几乎可以在所有科学学科中找到随时间演变的变量[10]。因此，时间序列预测方法的提出是必然的，即通过分析时间序列的历史数据，挖掘其中的规律和趋势，从而对未来做出预测。

基于统计学的时间序列预测方法，如Box-Jenkins方法等起始于20世纪70年代[11]。随着机器学习等强大的回归方法的出现，人们提出了许多性能优异、效果良好的预测模型。然而，传统模型在大多数研究工作中仍作为基准方法[12]。其中，基于深度学习的方法因其具有更好的预测结果，很多研究人员投入了大量精力开发新的架构，来进一步提高时序数据的预测效果。

与时间序列预测相关的综述和介绍有很多，但大多数仅为时间序列预测的理论和应用的总体概述。Zhang等[13]回顾了用于大数据特征学习的深度学习模型，包括模型的数学公式和新兴研究。Fawaz等[14]介绍了时间序列分类问题，并提供了一个带有实现算法的开源框架，以及东安格利亚大学和加州大学河滨分校的存储库[15]。最近，Mayer和

Jacobsen[16] 发表了一份关于分布式基础设施上可扩展深度学习的调查报告，其重点放在技术和工具上，并对该领域现有的挑战进行了讨论。

本章其余部分的结构如下：时间序列预测问题的定义和相关数学公式在问题描述部分给出；在深度学习架构部分，介绍了用于时间序列预测的基本深度学习架构；在实用层面部分，提供了在应用深度学习预测时间序列时必须考虑的几个实用方面的信息（包括超参数调优和硬件资源等）；在应用部分，概述了与时间序列预测相关的论文（按领域分类）。

2.2 问题描述

2.2.1 时间序列定义

时间序列被定义为一组值的序列，按时间顺序排列，并随时间推移而可观察。虽然时间是一个可连续测量的变量，但时间序列中的值是以固定的间隔（固定的采样频率）采样的。这个定义适用于很多应用，但并不是每个时间序列都可以用这种方式建模。其原因如下：

① 由于数据收集的可靠性，时序数据缺失是一个非常普遍的问题。处理这些值的方法有很多，但使用最广泛的是基于填补缺失信息和忽略整条记录的方法[17]。

② 时间序列中异常数据也是一个经常出现的问题。基于稳健统计的方法必须选择移除这些值，或者简单地将它们合并到模型中[18]。

③ 当数据在不规则的时间周期收集时，它们可以被称为不均匀间隔的时间序列，如果足够大，则称为数据流[3]。

以上这些问题可以由所使用的模型自行处理，但如果数据是不定期收集的，则应该在模型中进行考虑。本章中的时间序列预处理不在讨论范围之内，但请参阅有关这项工作的文献[19]以获得详细信息。

2.2.2 时间序列组件

时间序列通常有三个组成部分：趋势性、季节性和残差（即不规则组成部分）[20]。

① 趋势性（trend）。它是指时间序列在观测期间表现出的一般运动（不考虑季节性和不规则性）。在某些文献中，该组成部分也被称为长期变化。时间序列的趋势性有很多种，其中最常见的是线性趋势、指数趋势和抛物线趋势。

② 季节性（seasonality）。它是指时间序列以特定的定期间隔发生的变化。当时间序列在固定时间周期内显示出类似模式时，我们可以从数据中提取有用的信息。季节性综合了时序数据中时间、幅度和方向三个方面的影响。该组成部分可以由多种因素引起，如气候或经济周期，甚至是节日活动。

③ 残差（residuals）。当时间序列中的趋势性和周期性振荡被计算出来并去除掉后，残差（预测值与实际观察值之间的差异）仍是存在的。有时残差可能高到足以掩盖数据中的趋势性和季节性变化。在这种情况下，我们用离群点（outlier）来识别这些残差，并通常使用稳健统计（robust statistics）来处理它们。数据中这些波动（fluctuation）的来源可能是多种多样的，这使得预测几乎是不可能完成的[20]。

时间序列是上述三个组成部分的集合。现实世界中的时间序列存在一个有意义的不规则分量，并且是不平稳的（均值和方差不是恒定的），这使得该分量成为建模最具挑战性的部分。因此，对它进行准确的预测是非常困难的，许多经典预测方法试图将目标时间序列分解为这三个分量，并分别对它们进行预测。一种技术或另一种技术的有效性是根据其预测该特定组件的能力来评估的。正是在这个组件的分析中，基于数据挖掘的技术已经被证明是特别强大的。

2.2.3 数学公式

时间序列模型可以是单变量（一个时间因变量），也可以是多变量（多个时间因变量）。尽管单变量系统和多变量系统之间的模型可能有很大的差异，但大多数深度学习模型可以模糊地处理它们。

一方面，设 $y = y(t-L), \cdots, y(t-1), y(t), y(t+1), \cdots, y(t+h)$是一个给定的单变量时间序列，历史数据中有$L$个值。其中，$y(t-i)$，$i=0, \cdots, L$表示变量$y$在时刻$t-i$的记录值。预测过程包括估计$y(t+1)$的值，用$\hat{y}(t+1)$表示，以最小化误差为目标，误差通常表示为$y(t+1)-\hat{y}(t+1)$的函数。当预测的视界$h$大于1时，也可以进行预测，即当目标是预测$y(t)$之后的$h$个值时，即$y(t+i)$，其中$i=1, \cdots, h$。在这种情况下，当函数$\sum_{i=1}^{h}\left(y(t+1)-\hat{y}(t+1)\right)$最小化时，就达到了最佳预测。另一方面，多元时间序列可以用矩阵形式表示为：

$$\begin{pmatrix} y_1(t-L) \ldots y_1(t-1) y_1(t) y_1(t+1) \ldots y_1(t+h) \\ y_2(t-L) \cdots y_2(t-1) y_2(t) y_2(t+1) \cdots y_2(t+h) \\ \cdots \quad \cdots \quad \cdots \quad \cdots \quad \cdots \quad \cdots \quad \cdots \\ y_n(t-L) \cdots y_n(t-1) y_n(t) y_n(t+1) \cdots y_n(t+h) \end{pmatrix} \tag{2.1}$$

其中，$y_i(t-m)$表示时间序列的集合，$i=\{1, 2, \cdots, n\}$，$m=\{0, 1, \cdots, L\}$表示当前样本和历史数据，$m=\{-1, -2, \cdots, -h\}$表示未来的h个值。通常，只有一个目标时间序列（即待预测的时间序列），其余的时间序列被称为独立时间序列。

2.2.4 短期和长期时间序列预测

另一个关键问题是时间序列的长度。根据样本的数量，可以定义长时间序列或短时间序列。众所周知，Box-Jenkins模型在长时间序列上表现不佳，主要原因是参数优化过程耗时，以及其中包含的信息对当前样本不再有用[9]。

如何处理这些问题与模型的目的高度相关。我们可以使用灵活的非参数模型，但这仍然是假设模型结构在整个数据周期内有效，可这并不总是正确的，而更好的方法是允许模型随时间变化。我们可以通过调整具有时变参数的参数模型来实现，也可以通过调整具有基于时间核的非参数模型来实现。当然，如果目标只是预测少量观测值，那么用最近的样本拟合模型，并将长时间序列转换为短时间序列，这样会更简单[21]。

虽然Wang等[22]发表了使用分布式ARIMA模型的初步方法，但使用经典预测方法处理此类时间序列仍然具有挑战性。近年来，出现了许多适用于处理超长时间序列（即大数据时间序列）的机器学习算法[23]，这些算法利用机器集群或GPU来克服前文中描述的限制。

深度学习模型是以可扩展的方式处理时间序列，并提供准确的预测[24]。集成学习也可用于预测大数据时间序列[25]，甚至是基于成熟方法（如最近邻[26][27]或模式序列相似性[28]）的方法。

2.3 时间序列结构

2.3.1 深度前馈神经网络

深度前馈神经网络（Deep Feed Forward Neural Networks，DFFNN），又称多层感知机，是因单层神经网络无法学习某些功能而产生的。DFFNN的架构由输入层、输出层和不同的隐藏层组成，如图2-1所示。此外，每个隐藏层都有一定数量的神经元需要确定。

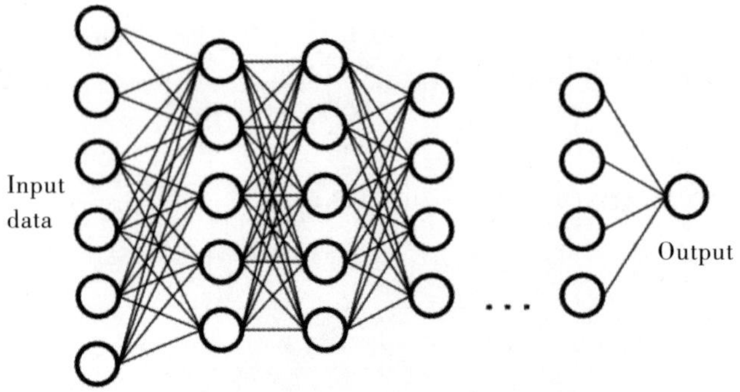

图2-1 用于时间序列预测的DFFNN基本架构

通过权重建模来连接两层神经元之间的关系，在网络训练阶段计算权值。需要注意的是，权重是通过梯度下降优化方法中的最小化代价函数计算得出的。然后，利用反向传播算法计算代价函数的梯度；一旦权值计算完成，网络输出神经元的值就可以通过一个前馈过程得到，这个前馈过程定义为：

$$a^l = g\left(W_a^l a^{l-1} + b_a^l\right) \tag{2.2}$$

其中，a^l为第l层的激活值，即由第l层神经元的值组成的向量，W_a^l和b_a^l为第l层对应的权重和偏置，g为激活函数。因此，a^l值通过使用$l-1$层的激活值a^{l-1}作为输入来计算。在时间序列预测中，除输出层获得预测值外，其他层常用整流线性单位函数作为激活函数，一般采用双曲正切函数（Hyperbolic Tangent Function），通常表示为$tanh(x)$。

对于所有的网络体系结构，都需要预先确定某些超参数的取值。这些超参数，如层数和神经元数量，定义了网络架构，而其他超参数，如学习率、动量、迭代次数或批量大小等，对梯度下降方法的收敛性有很大影响。这些超参数的最佳选择非常重要，因为这些值会极大地影响模型的预测结果。超参数将在超参数优化部分进行详细讨论。

2.3.2 循环神经网络

循环神经网络（Recurrent Neural Networks，RNN）专为处理序列数据而设计，如机器翻译相关问题中的单词序列、语音识别中的音频数据和预测问题中的时间序列。所有这些问题都有一个共同的特点，就是数据之间具有时间依赖关系。传统的前馈神经网络无法考虑这些依赖关系，而RNN正是为了解决这个问题而出现的[29]。因此，RNN架构中的输入数据既是过去的数据，也是当前的数据。

根据网络中数据输入和输出的数量，有不同类型的架构。例如，一对一（一个输入和一个输出）、一对多（一个输入和多个输出）、多对一（多个输入和一个输出）和多对多（多个输入和多个输出）。对于分类问题，最常见的RNN是多对一的；对于机器翻译或时间序列预测，则RNN是多对多的。此外，对时间序列来说，输入数据序列的长度通常与输出数据序列的大小不同，输出数据序列的大小通常是待预测的样本数。

图2-2是用于时间序列预测的RNN基本架构。x_t和$\hat{x}_t$分别是时间序列在第t时刻的实际值和预测值，h是待预测的样本数，称为预测周期。

下面将简要介绍用于时间序列预测的最广泛使用的RNN变体。

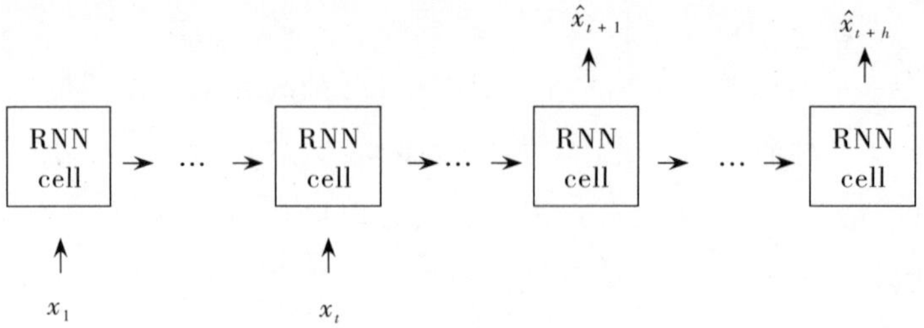

图2-2 用于时间序列预测的RNN基本架构

（1）Elman神经网络（Elman Neural Networks，ENN）

ENN是第一个循环神经网络，它融合了隐藏单元的t状态来对数据序列进行预测[30]。ENN由经典的一层前馈网络组成，但隐藏层连接到一个名为Context层的新层，使用等于1的固定权重，如图2-3所示。

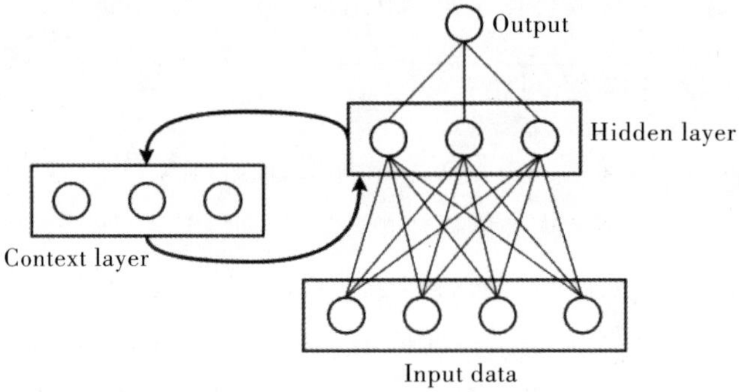

图2-3 用于时间序列预测的ENN基本架构

其中，Context层的神经元的主要功能是保存隐藏层神经元激活值的副本。因此，该模型定义为：

$$a_t = g\left(W_a x_t + U_a a_{t-1} + b_a\right) \tag{2.3}$$

其中，a_t为隐藏层中处于t状态的神经元的值，x_t为当前输入，a_{t-1}为保存在上下层隐藏单元中的信息，W_a、U_a均为权值，b_a为偏置，g为激活函数。

（2）长短期记忆（Long Short-Term Memory，LSTM）

标准的基本RNN存在梯度消失问题，梯度随着层数的增加而减少。事实上，对于具有高层数的深度RNN，梯度实际上变成了零，阻止了网络的学习。因此，RNN网络具有短期记忆性，在处理长序列时，由于信息的传递是通过隐状态进行的，随着时间的推移，较早的时间步长的信息可能会在传递到后面的时间步长时逐渐消失或被覆盖。这导致 RNN 难以捕捉和利用序列中的长时依赖关系，从而限制了其在处理复杂任务时的性能。此外，在 RNN 的反向传播过程中，梯度会随着时间步长的推移而逐渐消失（变得非常小）或爆炸（变得非常大）。梯度消失使得 RNN 在训练时难以学习到长时依赖关系，因为较早的时间步长的梯度信息在反向传播到初始层时几乎为零。梯度爆炸则可能导致训练过程不稳定，权重更新过大，甚至导致数值溢出。LSTM 的出现是为了解决消失梯度问题[31]。为此，LSTM 使用 3 个门来保留长期相关信息，并丢弃不相关信息。这 3 个门分别是 Γ^f 忘记门（forget gate）、Γ^u 更新门（update gate）和 Γ^o 输出门（output gate）。Γ^f 决定哪些信息应该被丢弃或保存。当 Γ^f 值接近 0 时，意味着过去的信息被遗忘；当 Γ^f 值接近 1 时，意味着过去的信息被保留。Γ^u 决定使用 $\tilde{c}_t$ 中的哪些新信息来更新 c_t 的记忆状态。因此，同时使用 Γ^f 和 Γ^u 对 c_t 中的信息进行更新。最后，Γ^o 决定哪个输出值将作为下一个隐藏单元的输入值。

将前一个时空的隐藏单元 a_{t-1} 的信息和 x_t 作为输入值，利用 Sigmoid 激活函数 σ，计算出所有的门值，再通过 $tanh$ 激活函数 $\tilde{c}_t$，将计算所得用于更新。定义 LSTM 单元的公式为：

$$\tilde{c}_t = tanh(W_c[a_{t-1}, x_t] + b_c) \tag{2.4}$$

$$\Gamma^u = \sigma(W_u[a_{t-1}, x_t] + b_u) \tag{2.5}$$

$$\Gamma^f = \sigma(W_f[a_{t-1}, x_t] + b_f) \tag{2.6}$$

$$\Gamma^o = \sigma(W_o[a_{t-1}, x_t] + b_o) \tag{2.7}$$

$$c_t = \Gamma^u \times \tilde{c}_t + \Gamma^f \times c_{t-1} \tag{2.8}$$

$$a_t = \Gamma^o \times tanh(c_t) \tag{2.9}$$

其中，W_u、W_f 和 W_o 以及 b_u、b_f 和 b_o 分别是控制 Γ^u、Γ^f 和 Γ^o 行为的权重和偏差，W_c 和 b_c 是 $\tilde{c}_t$ 记忆单元候选的权重和偏差。

图 2-4 显示了隐藏单元在 LSTM 循环网络中是如何工作的。操作符 × 和 + 分别表示向量的元素相乘和求和。

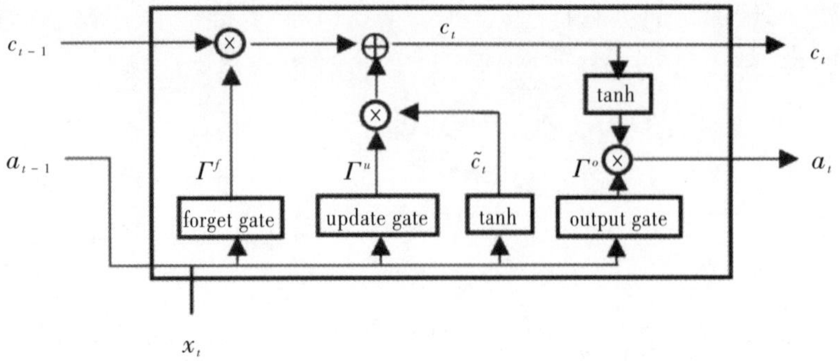

图 2-4 用于时间序列预测的 LSTM 基本架构

（3）门控循环单元（Gated Recurrent Unit，GRU）

具有GRU的循环网络是诸如LSTM的长期记忆网络，但由于LSTM网络的高计算成本，GRU于2014年作为LSTM的简化版本出现[32][33]。GRU是研究人员已经聚合的最常用版本之一，它对许多不同的问题都是鲁棒的和有用的。在RNN中使用门使得改善对长时依赖关系的捕获成为可能，使RNN更加有效。LSTM因为有3个门而不是2个门，所以更强大、更有效。但GRU更简单、计算速度更快，因为它只有2个门，Γ^u更新门和Γ^r相关门，如图2-5所示。

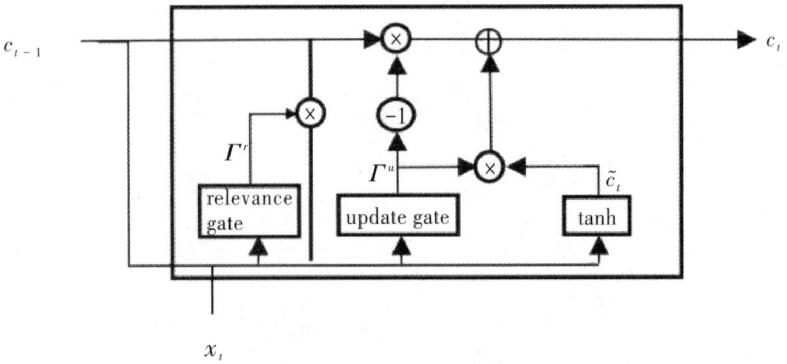

图 2-5 GRU 中的隐藏单元

Γ^u利用$\tilde{c}_t$记忆状态候选项来判断c_t记忆状态是否更新。Γ^r决定了c_{t-1}与计算c_t的下一个候选区域（即$\tilde{c}_t$）的相关性。GRU由以下公式定义：

$$\Gamma^u = \sigma\left(W_u\left[a_{t-1}, x_t\right] + b_u\right) \tag{2.10}$$

$$\Gamma^r = \sigma\left(W_r\left[a_{t-1},\ x_t\right] + b_r\right) \tag{2.11}$$

$$\tilde{c}_t = tanh\left(W_c\left[\Gamma^r \times c_{t-1},\ x_t\right] + b_c\right) \tag{2.12}$$

$$c_t = \Gamma^u \times \tilde{c}_t + \left(1 - \Gamma^u\right) \times c_{t-1} \tag{2.13}$$

$$a_t = c_t \tag{2.14}$$

其中，W_u和W_r、b_u和b_r分别是控制Γ^u和Γ^r行为的权重和偏差，W_c和b_c是$\tilde{c}_t$记忆单元候选的权重和偏差。

（4）双向循环神经网络（Bidirectional Recurrent Neural Networks，BRNN）

在自然语言处理（Natural Language Processing，NLP）领域中存在一些问题，如当预测一个数据序列在给定时间内的值时，需要来自该时间之前和之后的序列信息，双向循环神经网络解决了这类问题。BRNN的主要缺点是需要整个数据序列才能进行预测。标准网络通过使用单向前馈过程计算隐藏单元的激活值。然而，在BRNN中，预测使用过去、现在和未来的信息作为输入，同时使用前向和后向处理。因此，t时刻的预测$\hat{x}_t$是通过将g激活函数应用于相应的权重并在t时刻前向和后向激活所得到的，即：

$$\hat{x}_t = g\left(W_x\left[a_t^f,\ a_t^b\right] + b_x\right) \tag{2.15}$$

其中，W_x和b_x分别是权重和偏差，a_t^f和a_t^b分别是通过前向和后向处理计算出的隐藏单元的激活值，g是激活函数。

图2-6展示了BRNN的基本架构。一个BRNN可以看作2个RNN，其中不同的隐藏单元有2个值，一个是前向计算的，另一个是后向计算的。此外，BRNN单元可以是标准的RNN单元、GRU单元或LSTM单元。事实上，带有LSTM单元的BRNN通常用于解决NLP问题。

（5）深度循环神经网络（Deep Recurrent Neural Networks，DRNN）

DRNN可以被认为是具有多个层的RNN，也称堆叠RNN。隐藏单元可以是标准的RNN单元、GRU单元或LSTM单元，并且可以是单向或双向的。图2-7是DRNN的基本架构（以3层的架构为例）。

一般来说，DRNN在时间序列预测方面效果很好，但当使用很长的数据序列作为输入时，其性能会下降。为了解决这个问题，注意力机制可以被纳入模型中，这是深度学习中最强大的思想之一[34]。注意力机制

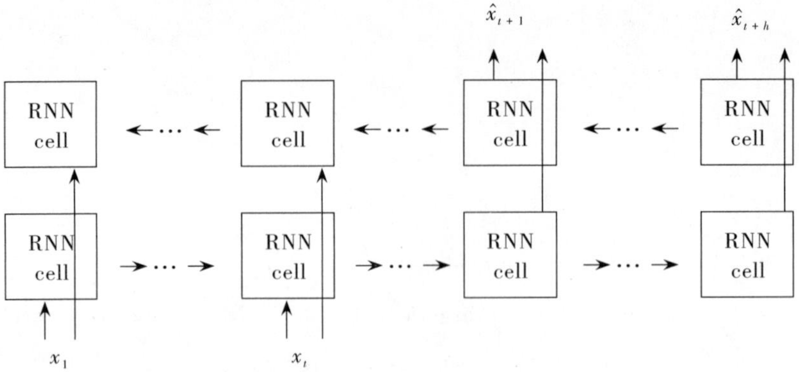

图 2-6 BRNN的基本架构

允许神经网络在生成输出时只关注输入数据序列的一部分。这种注意力是通过使用权值来建模的，权值是由单层前馈神经网络计算的[35]。

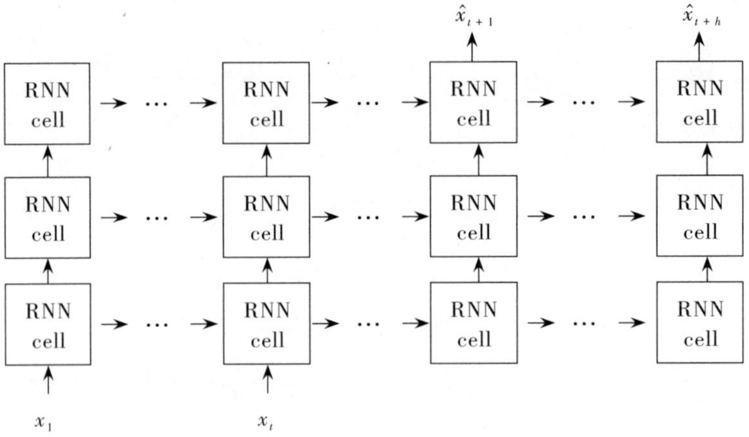

图 2-7 DRNN的基本架构

2.3.3 卷积神经网络

Fukushima[36]提出的卷积神经网络（Convolutional Neural Networks，CNN）是图像处理和计算机视觉中最常见的架构之一[37]。

CNN有卷积层、池化层和全连接层3种层。卷积层的主要任务是从数据输入中学习特征，通过使用矩阵之间的卷积操作，将预定义大小的滤波器应用于数据。卷积是所有元素乘积的总和。池化层减少了输入的大小，加快了计算速度，并防止过拟合。最流行的池化方法是平均池化和最大池化，它们分别使用平均值和最大值来总结值。卷积层提取特征后，使用全连接层（也称密集层）进行预测。最后，这些全连接层的输入数据是卷积层和池化层产生的扁平特征。图2-8是CNN的基本架构。

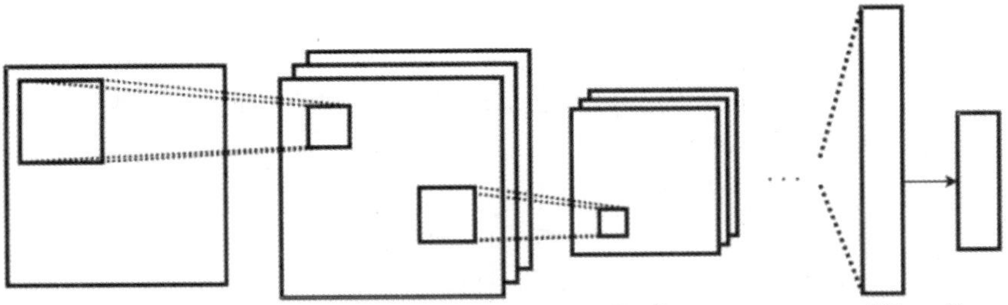

图2-8　CNN的基本架构

时间卷积网络（Temporal Convolutional Networks，TCN）[38] 是CNN的一种变体，常用于处理数据序列，并在执行时间和内存需求方面与DRNN直接竞争。TCN与DFFNN具有相同的架构，但每一层的激活值都是通过使用前一层的早期值来计算的。扩张卷积是在传统的卷积操作基础上进行的扩展，通过在卷积核中插入空洞来增大卷积核的感受野。这样一来，网络可以更好地捕捉更大范围的特征。因此，这种扩张的卷积操作捕获了局部信息和时间信息。

扩张卷积F_d是一个定义如下的函数：

$$F_d(x) = \sum_{i=0}^{K-1} f(i) \cdot x_{t-d \cdot i} \tag{2.16}$$

其中，d是膨胀因子参数，f是大小为K的滤波器。

图2-9展示了每层扩张卷积使用大小为3的滤波器以及扩张因子分别为1、2、4的TCN架构。

此外，当使用更深和更大的TCN来实现进一步时序预测的稳定性时，除了卷积层之外，有必要使用通用残差模块。这些通用残差模块包括在应用激活函数之前将输入数据添加到输出中。那么，TCN模型可以定义如下：

$$a_t^l = g\left(W_a^l F_d\left(a_t^{l-1}\right) + b_a^l + a_t^{l-1}\right) \tag{2.17}$$

其中，$F_d(\cdot)$为式（2.16）中定义的d因子的展开卷积，a_t^l为第l层神经元在t时刻的值，W_a^l和b_a^l为第l层对应的权值和偏差，g为激活函数。

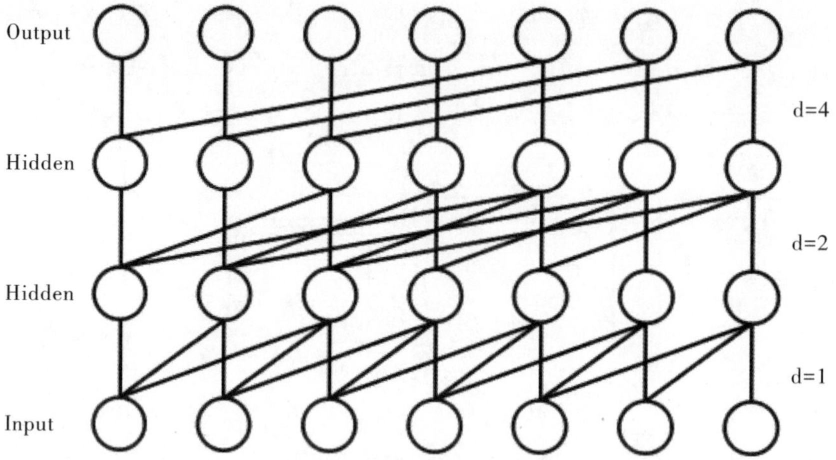

图2-9 使用大小为3的过滤器的TCN架构

2.4 实用层面

2.4.1 实施

多层感知机（Multi-Layer Perceptron，MLP）的实现相对简单。然而，深度学习模型更复杂，其实现需要高水平的专业技术知识和相当多的时间投入。因此，深度学习专家的见解成为当今最需要的内容之一。为了更容易实现并减少设计和训练模型所需的时间，一些公司将工作重点放在开发框架上，以便实现、训练和使用深度学习模型。

深度学习框架的主要思想是提供一个接口，允许模型的实现，而不必过多关注其背后的数学复杂性。文献中有几个可用的框架，其中最常用的是 TensorFlow 和 PyTorch，这两者的选择取决于几个重要因素，如可以实现的架构类型、对分布式编程环境的支持，以及是否可以运行在 GPU 上等。从这个意义上来说，表 2-1 总结了文献中使用最广泛的框架，其中的术语包括 DFFNN、CNN、TCN、RNN、LSTM、GRU 和 BRNN 架构。

表2-1 深度学习的框架

框架	核心语言	可用接口	结构	分布式	CPU|GPU
TensorFlow [39]	C++	Python，JavaScript，C++，GO，Java，C#，Julia	All	✔	✔|✔
H_2O [40]	Java	Python，R，Scala，REST	DFFNN	✔	✔|✔
DL4j [41]	Java	Python，Scala，Clojure，Kotlin，C，C++	All	✔	✔|✔
PyTorch [42]	Lua	Python，C，C++	All	✔	✔|✔
Caffe [43]	C++	Python，MATLAB	CNN	×	✔|✔
Neon [44]	Python	Python	All	×	✔|✔
Chainer [45]	Python	Python	All	✔	✔|✔
Theano [46]	Python	Python	All	×	✔|✔
MXNet [47]	Python	Python，Scala，Julia，Clojure，Java，C++，R，Perl	All	✔	✔|✔
ONNX [48]	Python	Python	CNN，DFFNN	×	✔|×
PaddlePaddle	Python	Python	CNN	✔	✔|✔
CNTK [49]	C++	Python，C++，C#	DFFNN，CNN，RNN	✔	✔|✔

表2-1中开发深度学习模型所使用框架的主要编程语言是Python。此外，大多数框架支持分布式执行和GPU的使用。尽管所描述的框架促进了模型的开发，但其中一些框架需要太多的代码行来获得完整的实现。基于这个原因，开发了基于框架核心的高级库，使编程更加容易。一些高级库的例子可以是Keras [50]、Sonnet [51]、Swift和Gluon [52] 等。使用高级库的主要好处是，除了简化其实现之外，语法还可以在其他基本框架中重用，但缺乏灵活性是其主要缺点。

2.4.2 超参数优化

框架和高级库的结合极大地促进了模型的实现。然而，有一个重要的研究空白：模型优化。这种优化将决定模型的质量，它必须在调整其超参数的基础上进行。在深度学习中，有2种类型的超参数：模型参数和优化参数。为了获得最优的性能，必须在模型定义中调整模型参数，在模型训练阶段利用数据集调整优化参数。表2-2是根据网络架构对一些最相关的超参数进行了描述和分类。

表2-2 **相关超参数**

超参数	结构	描述
优化器	All	每次迭代后用于更新每层权重的算法[53]
学习率	All	决定了优化方法每次迭代时的步长[54]
epoch的数量	All	整个训练集中的迭代次数[55]
批量大小	All	网络用于更新权重的子样本数量[56]
隐藏层	All	决定了神经网络的深度[57]
激活函数	All	在模型中引入非线性，允许提取更复杂的知识[58]
动量	All	可以防止方法收敛过程中的振荡[59]
权重初始化	All	可以防止层内激活的爆炸或消失[60]
丢弃层	All	在每次迭代中消除了神经元之间的某些连接，用于防止过拟合[61]
L_1/L_2正则化	All	可以防止过拟合，避免权重过高，使模型不依赖于单个特征[62]
单元	RNN，DFFNN	决定了每一层提取的知识层次，并高度依赖于所用数据的大小[57]
滤波器	CNN	在输入数据上移动的矩阵，允许提取特征[63]
步长	CNN	每个滤波器在输入矩阵上移动的像素数[64]
填充	CNN	在核函数处理数据集时，向数据集中添加的空样本个数[65]
通道数	CNN	卷积中涉及的矩阵的深度[66]
池化	CNN	允许减少网络中的参数和计算的数量[67]
栈的数量	TCN	残差块的栈数
膨胀卷积	TCN	用于捕获长程时间模式的扩张卷积深度堆栈

超参数的数量将取决于使用的网络架构。此外，问题和数据的特点也会影响每个问题的价值。这使得优化模型的任务对学术界来说是一个挑战。此外，考虑到表2-2中描述的参数，可以推断出大量可能的组合。为此，使用了各种元启发式方法和优化策略。根据文献，有几种策略可以优化一组深度学习模型的超参数，见表2-3。

表2-3 **搜索策略**

策略	深度学习	成本	搜索空间
试错	×	低	低
网格	×	高	高
随机	✔	中	高
概率	✔	中	中

因此，超参数优化方法可以分为4大类：

①试错（Trial Error）：这种优化方法需要用户在每次运行完成时手动修改超参数，这意味着较高的时间投入、相对较低的计算成本和较低的搜索空间。由于在深度学习中有大量的超参数，并且它们可以设置的值是无限的，因此不建议使用这种优化方法。

②网格（Grid）：网格方法探索一组已建立的超参数的不同可能组合。这种方法覆盖了很高的搜索空间，而与之相关的计算成本很高，因此这种方法在深度学习中无法应用，更不用说在大数据环境中了。

③随机（Random）：随机搜索可以覆盖很多的搜索空间，从而能够生成无限的超参数组合。在这个组合中，我们可以对完全随机策略或引导搜索策略进行区分，如基于元启发式的策略。这种类型的搜索例子有遗传算法（Genetic Algorithms）[68][69]、粒子群优化（Particle Swarm Optimization）[70]和增强拓扑的神经进化（Neuro-Evolution）算法[71]等。广泛的搜索范围，加上这种搜索策略所涉及的中等成本，使其成为优化深度学习模型的最佳方法之一。此外，新的超参数优化元启发式方法正在发布，如MARTÍNEZ-ÁLVAREZ等[72]提出的COVID-19传播中的生物启发模型。

④概率（Probability）：这种优化方法是跟踪每次评估。这些评估用

于生成一个概率模型，该模型将值分配给不同的超参数。使用概率方法优化超参数最常见的算法是基于贝叶斯方法的算法[73]。

有许多库可以自动优化超参数。然而，很少有专门为优化深度学习模型的超参数而设计的库。表2-4总结了一组用于优化深度学习模型超参数的包，根据搜索策略、是否支持分布式计算、编程语言和表2-1中的兼容框架，对这组包进行了分类。需要注意的是，目前尚不清楚HPOLib是否支持分布式计算，以及它在哪些框架中工作。

表2-4 **用于超参数优化的包**

包	搜索策略	分布式	语言	框架
Elephas	Random，Probabilistic	✔	Python	Keras
Hyperas	Random，Probabilistic	✔	Python	Keras
Hyperopt[74]	Random，Probabilistic	✔	Python	—
Dlopt[75]	Random	×	Python	Keras
Talos[76]	Grid，Random	✔	Python	Keras
Keras-tuner	Random	✔	Python	Keras
H_2O[40]	Grid，Random	✔	Python，R	H_2O
BoTorch[77]	Probabilistic	✔	Python	PyTroch
HPOLib[78]	Probabilistic	—	Python	—

2.4.3 硬件性能

研究人员必须做出的最重要的决定是确定所需的物理资源，以确保深度学习算法找到准确的模型。因此，鉴于对更好、更复杂硬件的需求日益增加，本节对通常用于深度学习上下文的不同硬件基础设施进行了概述。

虽然可以使用CPU来执行深度学习算法，但密集的计算需求通常使CPU物理资源不足（标量架构）。因此，深度学习框架通常使用3种不同的硬件架构来挖掘信息：GPU、张量处理单元（Tensor Processing Unit，TPU）和智能处理单元（Intelligence Processing Unit，IPU）。

GPU是一种分布在CPU上的协处理器，它是专门为计算环境中处理图形而设计的。GPU可以比CPU多数百个甚至数千个内核，但运行速度较低。GPU以单指令、多数据架构实现了高数据并行性，在当前人工智能领域发挥着重要作用，具有广泛的应用。

第一代TPU是在2016年谷歌I/O会议上推出的，它是专门设计用来运行已经训练过的神经网络的。TPU是专门为机器学习而构建的特定应用的定制集成电路。与GPU相比（自2016年以来频繁用于相同的任务），TPU隐式设计用于降低精度计算量（如8位精度），并且缺乏用于光栅化/纹理映射的硬件。一般来说，与普通CPU或GPU进行的计算相比，TPU的准确性较低，但对它们必须执行的计算来说已经足够了（单个TPU每天可以处理超过1亿张图片）。此外，TPU对CNN的大批量数据进行了高度优化，具有最高的训练吞吐量[79]。

IPU与今天的CPU和GPU处理器完全不同。它是一种高度灵活、易于使用的并行处理器，从头开始设计，以便在当前的机器学习模型上提供最先进的性能。但更为重要的是，IPU的设计允许实现新的和新兴的机器智能工作负载。IPU在小批量上为训练和推理提供了更好的算法效率，这使得训练中的模型收敛速度更快，模型泛化能力更好，能够在更多的IPU处理器上并行化，以减少给定批量大小的训练时间，并在较低的推理延迟下提供更高的吞吐量。另一个有趣的特性是，与GPU或TPU相比，它的功耗更低（最高可降低20%）。

表2-5总结了本节探讨的处理单元的属性。其中，性能以Flops为单位，成本以美元为单位。

表2-5 **处理器的属性**

处理器	结构	批量大小	性能	成本
CPU	标量	小	$\sim10^{9}$	$\sim10^{2}$
GPU	向量	大	$\sim10^{12}$	$\sim10^{3}$
TPU	应用特定集成电路	大	$\sim10^{12}$	—
IPU	图	小	$\sim10^{15}$	$\sim10^{5}$

2.5 应用

为了激发时间序列预测问题的相关性，通过将深度学习研究工作按应用领域（如能源、图像和视频、金融、环境、工业、健康等）和使用最广泛的网络架构（如ENN、LSTM、GRU、BRNN、DFFNN、CNN和TCN等）进行分类，对最新的工作情况进行了分析与总结，见表2-6。

表2-6 应用领域和网络体系结构两个方面的研究工作

应用领域	RNN				DFFNN	CNN	TCN	Hybrid/Others
	ENN	LSTM	GRU	BRNN				
能源	[80-86]	[87-92]	[93] [94]	[95]	[96-98]	[99]	[100]	[101-106]
图像和视频	[107]	–	–	–	–	[108-113]	[114]	[105-107]
金融	–	[118-121]	[120]	[121]	[122] [123]	[120] [124-126]	–	[120] [127-133]
环境	[134-142]	[143-146]	[145] [147-149]	[150]	[151]	[152]	[153]	[150] [154] [155]
工业	[156] [157]	[158-160]	[161] [162]	[163] [164]	[164] [165]	[166]	[167] [168]	[166] [169] [170]
健康	–	[171]	—	[172]	[173]	[113] [174] [175]	–	[176-181]
其他	–	—	[182]	[183]	[184]	[185-187]	[188-192]	[193] [194]

下面我们将对每个应用领域进行概述：

①能源：随着可再生能源使用的增加，需要进行准确的估计，以改善电力系统的规划和运行。许多技术都被用于预测，包括深度学习。回顾文献，可以得出以下结论：绝大多数深度学习架构都适用于能源应用领域[195]。例如，基于LSTM[90]、ENN[85][86]、GRU[94]、BRNN[95]和TCN[100]的架构被用于预测电力需求消耗。LSTM[89]和CNN[99]也被用于光伏能源负荷预测。Alcan等[93]将GRU用于柴油机的碳烟排放预测。Qiu等[98]提出了一种DFFNN的集成，用于预测通用的时间序列。在此

基础上，将DFFNN的集成策略应用于负荷需求时间序列预测。Song等[91]提出了LSTM在石油产量预测中的应用。混合结构也被用于能源研究领域，如预测碳的价格[102]、预测电力市场的能源价格[101]、预测能源消耗量[103]和预测太阳能的发电量[105]等。

②图像和视频：图像和视频分析是一个非常广泛的研究领域，它可以涉及任何应用领域。例如，Hu等[196]对于深度学习在基于图像的癌症检测和诊断方面进行了广泛的研究。Atto等[197]总结了一些用于从实时图像中识别视频序列行为的技术和研究。Wang等[107]介绍了ENN在无人机摄影测量中预测和监测边坡位移的应用。Interdonato等[117]结合了GRU、RNN和CNN模型对卫星图像时间序列进行分类。尽管所有这些工作都给出了极具争议性的结论，但使用基于卷积的网络在文献中占主导地位，以解决使用图像或视频时序数据的预测问题。一方面，CNN已被用于预测卫星图像中的燃烧不稳定性[108]、时间依赖性[111]、大规模交通速度[109]和检测冠状动脉狭窄[113]等；另一方面，TCN在分析图像和视频方面被广泛应用。例如，Miao等[114]使用TCN从视频中估计密度图；Zhang等[116]应用了TCN来总结通用视频；另一项使用图像的有趣工作是Feng等[115]使用TCN模型通过面部照片动态检测压力。

③金融：几十年来，财务分析一直是一个具有挑战性的问题。因此，与该应用领域相关的研究工作很多，如SEZER等[198]所述。此外，CNN[124]、DNN[123]、GRU[122]和LSTM[118]等架构也被使用。一些作者对这些体系结构进行了比较，分析哪一种能够提供更好的结果[121]。尽管这些研究很广泛，但问题的复杂性要求我们寻找新的方法和体系结构[120][128]。

④环境：环境数据分析是科学界最受欢迎的领域之一。其中，许多工作也是基于深度学习技术在预测时间序列上的应用。Jin等[150]利用CNN和LSTM对中国北京的气象数据（风速和温度）进行了预测。其他学者则专注于单个特定变量。例如，Liu等[134]、Liu等[136]、Chen等[146]、Peng等[149]和Liu等[155]使用TCN、GRU、ENN、BRNN和LSTM架构来预测与风力相关的信息。Deng等[140]和Zhang等[153]使用TCN和ENN对水质和需水量进行了预测。Wan等[143]还提出将基于

LSTM的神经网络应用于相关时间序列预测。此外，一些研究中还利用深度学习技术，特别是ENN，对二氧化碳排放量[139]、洪水[143]和NH_3浓度[199]进行了预测。

⑤工业：在工业领域，深度学习技术也被用于执行不同类型的任务[200]。例如，TCN和BRNN可用于交通流量预测[163][167]。LSTM可以用于多种目的，如工艺规划[160]、建筑设备识别[158]和提高组织绩效[159][161]等。Pasias等[164]使用DFFNN来预测电解过程中的电解槽和金属高度特征。ENN和GRU网络也被用于预测材料的使用寿命或退化情况。从Kamilaris等[201]对深度学习的研究中可以看出，深度学习技术也被广泛应用于架构中。其结论是，几乎所有的网络架构都被使用了，因为它们种类繁多。

⑥健康：过去几年，深度学习架构在卫生领域得到了普遍的使用[196][202]。然而，由于时间序列在该领域的时长通常很短，而RNN训练计算成本较高，这使得深度学习模型在该领域并没有得到普遍的应用。Bui等[173]对医疗保健诊断和预后中的时间序列预测模型进行了全面的研究，特别是心血管疾病。相反，基于卷积的架构或混合模型应用相对广泛。例如，Hoppe等[175]使用CNN来加速磁共振指纹打印的计算。Chambon等[176]将CNN用于监测睡眠质量，以检测心室收缩[174]或败血症[180]。Ma等[179]使用反向传播网络来预测肺炎的发病率。其他网络结构如LSTM可以根据危重患者的重要功能来预测其状态[171]。此外，Zeroual等[181]的研究中使用了深度学习架构来预测COVID-19病例。

⑦其他：近年来，TCN是时间序列预测中被广泛使用的通用架构之一[182][189][192]。然而，任何其他网络体系结构都可以应用于表2-6中未分类的杂项应用程序阳离子域的时间序列。例如，CNN和RNN可用于检测人体活动[186]，混合模型可用于检测异常[194]，对网络安全感兴趣的读者可以在参考文献[184][203]中找到详细的描述。

2.6 本章小结

深度学习已经被证明是解决大数据复杂问题的最强大的机器学习技

术之一。目前通过智能设备产生的数据大多是时序数据，其预测是几乎所有研究领域中最常见、最迫切需要解决的问题之一。因此，本章对用于时间序列预测的基本深度学习架构及其实现、超参数调优等主题进行了联合分析，以提供应用于时间序列预测的深度学习技术的概述。首先，描述了过去几年时序数据最常用的深度学习架构，特别强调了可能对报告结果产生重大影响的实践方面，尤其是将重点放在了超参数的搜索、不同架构的部署框架和现有的硬件上，以减轻所提出的网络架构的艰苦训练。其次，对不同应用领域中用于时序预测的深度神经网络进行了研究，旨在为未来的工作提供一个良好的比较框架，并显示哪些架构在某些应用中尚未得到充分测试。

3　一种用于时间序列预测的平移不变神经网络结构

时间序列是一种在众多领域中广泛存在的数据格式，其预测效果高度依赖于对其相似性的度量。在全序列形态相似性的度量中，一般来说，我们需要通过分析时序数据，利用人工经验选择合适的方法来提取全局演化特征。在众多全序列时序形态相似性的度量方法中，通常存在不能从整体上观察时序间形态趋势变化的问题。因此，本章提出了一种具有丰富输出表示的扩展层，并结合自编码器网络自动从时序数据中学习具有平移不变的全局相似性，以实现对时序数据的全局特征提取。本章还将该结构应用于多个现实世界中的时序数据的预测任务中，在几乎所有情况下都显示了其优异的性能。

3.1　引言

日常生活中，时序数据无处不在。对时序数据的相似性进行有效度量，并挖掘其中可能存在的不变性，在对其进行预测、分类、聚类和模式识别等任务中起着非常必要且关键的作用[204][205]。基于机器学习的相似性度量方法，我们希望相似性度量方法能自动学习时间序列中存在的相互依赖关系和时间平移不变性等特性[206]。然而，实际数据中常常存在高度偏斜类[207]以及概念漂移[208]等问题，这给机器学习方法的应用落地带来了巨大的困难。即使没有上述问题，机器学习过程中也可能面临很大困难。比如，时序数据可能在被收集之前因某种未知方式被扭曲，并使得数据中存在全局不变性。也就是说，同一个研究对象可被不同的特征向量来表示，这些特征向量之间存在具有平移不变的全序列时序形态相似性[209]。

现有的全序列时序形态相似性度量方法存在一些局限性[210][211]，主要表现为：①这些方法大多关注时间序列中时间点的对应关系，无法从整体上对时序的形态趋势变化进行观察；②因为考虑了所有时间点，所以对异常值和噪声比较敏感；③时序数据通常是高维的，数据挖掘的时间呈指数级增加。

针对时序相似性度量在时序预测中的重要作用以及已有方法中存在的不足，本章面向全序列时序形态相似性问题展开研究：第一，根据基2-FFT算法的思想提出一个具有丰富输出表示的扩展层，通过对时序数据奇偶列的归一化线性变换和非线性变换的组合，获取序列的全局线性特征和非线性特征，依此提取时间序列的全局形态趋势变化特征，从而解决局限①和②；第二，将所提扩展层嵌入自编码器网络，并仅根据样本间的距离自动提取时序数据的低维不变特征和全局相似性，依此解决局限③；第三，将所提方法用于解决时间序列预测问题。

3.2 相关研究

全序列时序相似性度量方法通常利用距离函数计算时序整个长度间的距离来得到所有时序中距离最小的那些样本。最早的距离函数是欧式距离[212]，其不能度量非等长时序且受噪声干扰比较大。Berndt等[213]提出的动态时间规整（Dynamic Time Warping，DTW）与欧式距离不同，其允许一个序列中的一个点与另一个序列中的多个点对齐，进行弹性收缩，从而可以处理具有局部时移和不同长度的时间序列。然而，DTW

存在对数值变化敏感、计算复杂度较高等问题，限制了其在大规模高维度时序数据中的使用。还有一些诸如基于傅里叶变换[214]、Zernike 矩[215]、Radon 变换[216]、离散小波变换[217]和不变核[218]等的方法，它们需要根据人工经验，从数据中分析出其中可能存在的扭曲类型，使用时序转换技术提取时序中的平移不变性。卷积神经网络中的卷积层仅能为平移提供有限的平移不变性[219]，专门用于实现对平移不变性具有更高鲁棒性的深度学习模型已被提出[220]。但是，上述提到的方法以及模型能够处理的不变性的类型是构造固有的，并且是固定的。除此之外，直接利用训练数据来学习平移不变性的方法已被提出。Benton[221]是第一个不需要利用验证集或人工特殊构造的损失函数就能从训练数据中学习到不变性的方法。在语言理解领域，使用大型文本语料库来学习词嵌入，为具有相同含义但拼写不同的单词提供相似的向量表示是非常常规的操作[222]。在时序领域，诸如 Wave2vec[223]、Rtfn[224]和 Ts2vec[225]等端到端深度学习模型已被提出，并用于挖掘时间序列中的平移不变表示。然而，端到端深度学习模型[226]通常需要构造子序列和不同的样本对以及复杂的网络结构，从而增加了计算的工作量。上述方法和模型都是关于学习单个样本间的不变表示或形态相似性，并且存在对数值变化敏感、计算复杂度高、需要人工经验等众多局限。

3.3 问题描述

本章提出一种仅根据成对样本就能自动从时序数据中学习平移不变性和全序列时序形态相似性的方法。形式描述为：对于样本 $x \in \chi$，给定一个由向量 θ 参数化的未知变换族 $\{v_\theta: \chi \rightarrow \chi\}$，我们的目标是训练一个模型 $F_\beta(x)$，且仅当存在一个 θ 使得 $x' = v_\theta(x)$ 时，$F_\beta(x) = F_\beta(x')$。其中，β 是可训练的模型权重。也就是说，对于同一实体的 2 个样本之间无论存在何种形式的扭曲，它们由模型 F 产生的表示应该是相同的；当 2 个样本不是同一底层实体的扭曲变体时，两者应具有不同的表示。为了构建能产生不变表示的网络 F，本章使用由编码器和解码器网络组成的自编码器（Autoencoder，AE），将编码器输出的中间层（Intermediate Layer）分为不变部分和可变部分。不变部分是指所期望的F_β，可变部分（在训练后可被丢掉）用于在训练过程中解码器对网络输入的重建。因此，本章假设训练集由三元组$(x, x', d) \in \chi \times \chi \times \mathbb{R}_+$构成。其中，$d$是样本$x$和$x'$之间的距离，用于判断这2个样本是否在一定扭曲程度内是相同的，并作为自编码器损失函数的额外项以促进网络学习不变性。上述的构造方式无须根据先验知识来定义网络应忽略的不变性类型，或通过数据增广扩充数据集，或构建复杂网络结构[227]，而仅需要根据时序样本间的信息，在不增加计算量的同时，利用自编码器有效地提取时序中的低维不变特征。

本章其余部分的内容如下：3.4节对自编码器的结构进行了详细的描述；3.5节利用模拟数据，通过实验验证使用标准的神经网络所构建的自编码器很难有效地从数据中学习不变表示；3.6节提出一个可以更有效地从数据中学习不变性的扩展层，并在3.7节中通过实验展示使用该扩展层的自编码器可以自动学习数据中的平移不变性；3.8节将本章提出的结构在4个现实多元时序数据集上进行了应用，结果显示在预测效果上优于所有其他对比的方法。

3.4 自编码器结构

自编码器是一个试图将输入x复制到输出y的神经网络，即$y \approx x$。自编码器内部有一个用于表示输入x某些方面特征的潜在中间层z，z被称为编码（code）。由于网络的输出y应该和输入x是相似的，因此相对于y，我们对编码z更为感兴趣。自编码器由编码器f和解码器g2个部分组成：f将输入x变换为编码z，即$z = f(x)$；g根据z产生输入x的重建y，即$y = g(z) = g(f(x))$。函数f和g用多层神经网络表示。我们希望输出y与输入x尽可能接近，为此我们使用重建x的均方误差（Mean Squared Error，MSE）作为损失函数，即：

$$L_{AE} = L(x, g(f(x))) = \| x - g(f(x)) \|_2^2 \tag{3.1}$$

自编码器可应用于降维、特征学习和深度神经网络的预训练，而在这些所有的应用场景中，自编码器中的编码器部分经过训练可以产生输入x的更为丰富的低维特征表示（更为有用）。添加解码器是用来保证输入中的所有相关信息都在编码器的结果中得到有效表示。本章对自编码器进行了扩展，通过在上述L_{AE}中添加关于编码$z=f(x)$的额外损失ℓ_{inv}来训练网络，以学习数据中具有所需属性的表示（这里需要编码z的某些部分是不变的）。与此同时，由于自编码器需要输入样本的完整信息才能对其进行准确的重建，因此编码z的剩余部分将捕获输入样本x中与扭曲相关的信息。通过上述方式，不变表示将是不平凡的，如全部为零。从理论上来说，具有至少一个隐藏层，并使用非线性激活函数，全连接前馈神经网络是一个通用的函数逼近器[228]，使其能够对任意表现良好的函数建模。因此，我们可以通过训练一对编码器-解码器，使其在$z=f(x)$中提供不变性，尽管我们可能需要一个很宽的网络。

3.5 利用标准的神经网络结构学习不变表示

本节在以下简化场景中对标准的神经网络结构（使用常见激活函数的自编码器）学习不变性的能力进行测试：给定任何输入x，所期望的编码$z=f(x)$是事先已知的（不变性已知，并且不变表示可以被网络设计者预先定义好）。在该简化的场景中，网络不需要自己学习不变表示：若z^*是我们所期望的编码z的表示，当给定的网络输入是(x, z^*)，而不是三元组$(x, x', d) \in \chi \times \chi \times \mathbb{R}_+$时，我们则可以根据$z^*$，以有监督的方式训练自编码器，使其对其中的不变映射进行学习。据此，本章设计了一对编码器-解码器结构来测试标准的神经网络结构学习已被预定义好的平移不变表示的能力。这个编码器-解码器结构包括对平移这种变换保持不变的潜在编码：首先，将离散傅里叶变换（Discrete Fourier Transformation，DFT）作为编码器，把输入向量x变换为频域向量z。其中，*modulus*（模）对输入的循环移位是不变的，而*phase*（相位）对平移则是变化的。然后，将傅里叶逆变换作为解码器，利用*modulus*和

*phase*对原始输入进行重建。也就是说，上述关于编码器的输出z的额外损失为：

$$\ell_{inv}=\|z-z^*\|_2^2=\|z-DFT(x)\|_2^2 \tag{3.2}$$

其中，$z^*=DFT(x)$的数值可以被预先计算出来，并作为监督训练信号提供给网络。那么，网络$g\bigcirc f$完整形式的训练损失函数由自编码器项L_{AE}和不变性项ℓ_{inv}组成，即：

$$L(x)=L_{AE}+\ell_{inv}=\|x-g(f(x))\|_2^2+\lambda\|z-DFT(x)\|_2^2 \tag{3.3}$$

其中，λ是自定义的系数。在实验中我们对λ进行了网格搜索，搜索范围是$\lambda=[2, 4, 6, 8, 10, 12]$，发现当$\lambda=8$时，$L(x)$的数值最低，表明中间层的学习能力相对自编码器的重建误差更为重要。

本节构建了2个数据集（分别包含10个特征和20个特征）。所有样本的特征值都是从$[-1, 1]$的单变量均匀分布中独立采样得到的。本节采用样本的离散傅里叶变换$z^*=DFT(x)$来表示中间编码z的目标监督信号，因此z^*是一个与输入x具有相同维度的复数向量。然后，我们定义了以下4个向量，其中的每个向量都是与输入向量x具有相同维度的实值向量：

$$z^*=DFT(x) \tag{3.4}$$

$$modulus=|z^*| \tag{3.5}$$

$$phase=Phase(z^*) \tag{3.6}$$

$$cosine=cos(phase) \tag{3.7}$$

$$sine=sin(phase) \tag{3.8}$$

上述4个向量中的*modulus*对输入中的平移是保持不变的。我们将所期望学到的编码$z^*=DFT(x)$表示为$[modulus, phase]$或$[modulus, cosine, sine]$并分别进行实验。在每个实验中，用MSE来评价z和z^*之间的差异程度。除了包含60 000个样本的训练集之外，我们还以上述相同的方式创建了一个单独的包含10 000个样本的测试集，在训练过程中使用批量大小为128的随机梯度下降法最小化损失函数$L(x)$。此外，我们测试了4个非线性激活函数：ReLU、SELU、Sigmoid和Tanh。网络层数的取值范围是[2, 20]，每层使用$8d$个神经元（d是输入向量x的维数)。图3-1展示了上述4种激活函数的实验结果。通过对比发现，使用SELU时网络在测试集上取得最低的MSE，但上述4个激活函数都没有使得网络在测试集上拥有较低的MSE（最低的MSE大约为10^{-1}，而生成的时序数据在-1至1之间)。

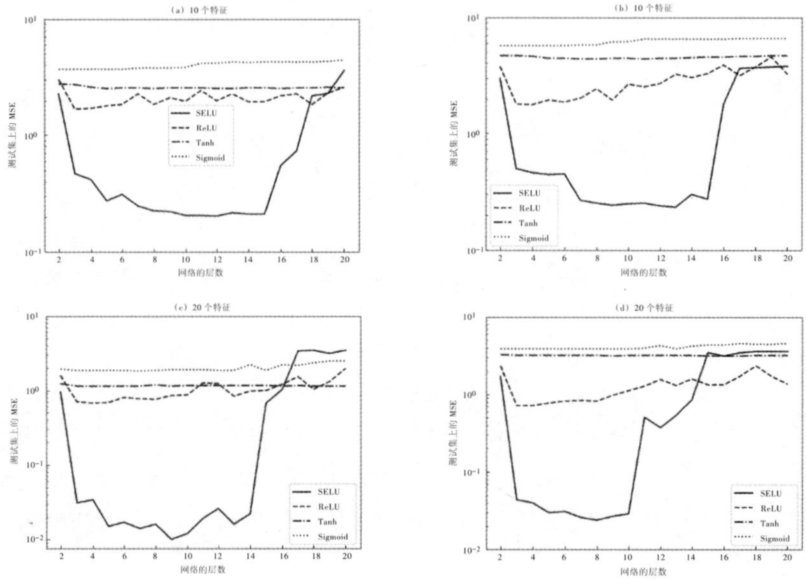

注：在图（a）和图（c）中，$z^* = DFT(x) = [modulus, phase]$。在图（b）和图(d) 中，$z^* = DFT(x) = [modulus, cosine, sine]$。

图3-1 4种激活函数的实验结果

考虑到学习重建输入和不变性这个联合任务可能会使问题变得复杂且具有挑战性，我们将该问题进行了分解（这里使用上述4个激活函数中表现最好的SELU进行实验)。首先，使用自编码器的完整结构，并对其进行训练；其次，单独训练编码器f以近似$z^* = DFT(x)$，并仅使用$\| f(x) - DFT(x) \|_2^2$这一项作为损失函数；最后，单独训练解码器g，即最小化$\| x - g(DFT(x)) \|_2^2$。从图3-2中可知，仅训练编码器f时，MSE在10^{-2}及以上，与训练完整的自编码器的结果相近，说明编码器无法有效近似$DFT(x)$。因此，上述这个联合任务存在困难的原因主要来自训练编码器。

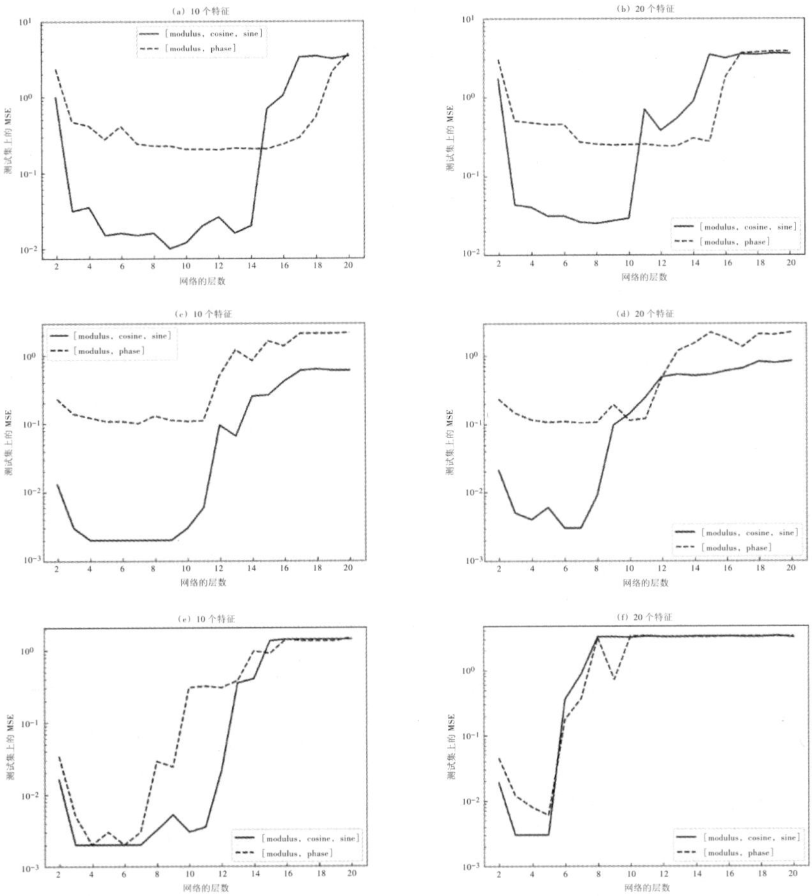

注：图（a）和图（b）是训练完整的自编码器时的MSE，图（c）和图（d）是仅训练编码器f时的MSE，图（e）和图（f）是仅训练解码器g时的MSE。图中的虚线和实线是$z^* = DFT(x)$的2种表示：$[modulus, phase]$和$[modulus, cosine, sine]$。

图3-2　仅训练编码器时的实验结果

本部分的实验结果表明，使用最流行的激活函数以及相对较宽的标准神经网络结构（多达20层，宽度是输入维度的8倍）并不适合用来学习不变表示，即使我们能以有监督的方式，将先验已知的不变表示的精确形式以目标训练信号提供给网络进行训练。从图3-2中可以发现，$z^* = DFT(x) = [modulus, cosine, sine]$在多数情况下具有较低的测试误差，因此在后续实验中，我们用$[modulus, cosine, sine]$来表示z^*。

3.6 提出用于学习不变性的扩展层

上述实验中的自编码器结构每一层都使用同样的激活函数（按元素对每层的输出进行单一的、固定的非线性变换），实验结果表明这种方式在学习复杂的不变表示时效果是严重受限的。因此，我们定义了一组具有更为丰富变换的扩展层来缓解该问题，见式（3.9）。

$$ext\_l(O_1)=\begin{cases} O_1 = \text{Output from previous layer} \\ O_2 = \sqrt{X_{Even}^2 + X_{Odd}^2} \\ O_3 = X_{Even}/O_2 \\ O_4 = X_{Odd}/O_2 \\ O_5 = O_3 * O_4 \\ Outputs = [O_1,\ O_2,\ O_3,\ O_4,\ O_5] \end{cases} \tag{3.9}$$

其中，

$$X = O_1 W + b \tag{3.10}$$

$$X_{Even} = Choose\ the\ even\ column\ of\ X \tag{3.11}$$

$$X_{Odd} = Choose\ the\ odd\ column\ of\ X \tag{3.12}$$

式（3.10）中，权重W和偏差b是可训练的参数。

该扩展层由类似残差网络中的跳跃连接O_1、2-范数O_2、归一化线性变换O_3和O_4，以及二次变换O_5拼接在一起组成。其中，O_3和O_4分别将前一层输出序列的奇数列和偶数列进行归一化线性变换，从而获取该层输入序列的全局线性趋势特征，该想法来自于基-2按频率抽取的FFT算法[229]（按序列频域顺序的奇偶分解为2个子序列进行变换，并通过蝶形运算快速计算傅里叶变换）；O_5是O_3和O_4的二次变换，在进一步去除时序冗余的同时获取其非线性趋势特征。另外，O_2、O_3、O_4和O_5的维度都是O_1的一半，$Outputs$的维度是O_1维度的3倍。在每次使用该扩展层时，都会搭配使用一个线性层对$Outputs$进行降维，以便在学习时序数据中的全局线性和非线性趋势特征的同时，达到学习数据中低维不变特征的目的。

图3-3的结果表明，本章提出的扩展层近似不变性的效果更为良

好。在不变表示z^*是已知的情况下，使用扩展层（实线）近似z^*时的MSE，比使用激活函数SELU的标准层（虚线）的实验结果要低一个数量级以上，而SELU与ReLU、Sigmoid、Tanh相比，其效果最好。

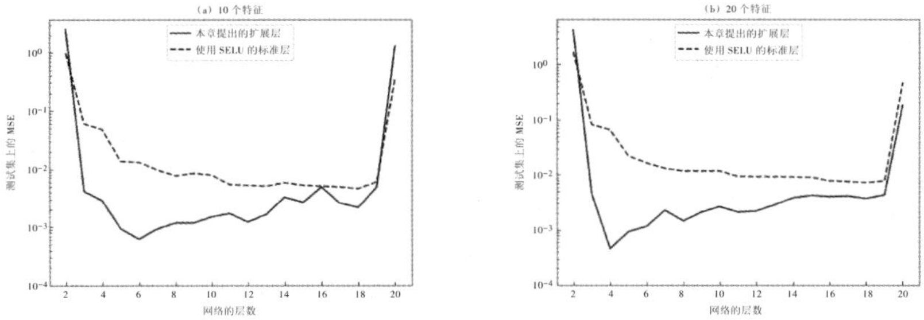

注：在平移不变性的监督学习任务上，对使用SELU的自编码器（虚线）和使用扩展层的自编码器（实线）的实验结果进行比较。

图3-3 实验结果比较

3.7 从数据中学习不变表示

上述实验中假设输入数据中存在的不变性的类型（平移不变性）是已知的，那么我们可以定义一种计算不变表示的方法，并以有监督的方式训练网络。也就是说，如果数据中存在的不变性变换是已知的（如上述实验中的DFT），那么我们可以直接将它用于数据预处理，而不需要训练网络来对它进行近似。

然而，本章的目标是仅根据样本中的信息来训练网络以发现数据中的不变性变换，而无须预先定义特定类型的不变性变换。因此，我们在实验中为网络提供2类不同形式的输入样本：第一类输入样本本质上是相同的，但其中一部分是另一部分经过某种变换得到的；第二类输入样本是完全不相同的样本。为此，网络的输入以三元组$(x, x', d) \in \chi \times \chi \times \mathbb{R}_+$的形式呈现。其中，如果一个样本是另一个样本经过变换后的版本，那么2个样本之间的距离d为零，否则不为零。在训练自编码器$g(f(x))$时，我们的重点是关注$z = f(x)$中用于捕获数据的不变表示的那一部分，用$z_{inv}(x)$表示。给定一个三元组(x, x', d)，样本x和样本x'

的中间编码$z_x = z_{inv}(x)$和编码$z_{x'} = z_{inv}(x')$之间的距离$\hat{d}(x, x') = \| z_x - z_{x'} \|$与$d$是类似的，因此我们使用平方欧氏距离的倒数作为损失函数中的惩罚项，这对那些之间具有较小距离的序列样本更为有用。在实际中，我们并不知道哪些样本之间存在平移不变性，因此在本节的实验中使用样本间的成对距离（Pairwise Distance）作为三元组(x, x', d)中的d，用于促进网络对不变性的学习。其公式为：

$$\ell_{inv}(d, \hat{d}(x, x')) = \left(\frac{1}{\delta + \alpha d^2} - \frac{1}{\delta + \alpha \hat{d}(x, x')^2} \right)^2 \tag{3.13}$$

式（3.13）中，δ和α都是超参数。

3.7.1 平移不变性的实验验证

根据上述实验，本章提出的扩展层在相对较浅的网络中取得了比较好的实验效果（3~10层），因此我们在以下实验中将神经网络深度的取值范围调整为[3, 10]。

首先，创建一个数据集：该数据集中的样本是成对出现的。如前所述，成对样本中的第一个样本是随机的，而第二个样本是第一个样本的平移版本，且平移的数量是随机选择的。例如，有一个样本是[1, 2, 3, 4, 5]，如果想把这个样本平移2个位置，那么这个样本就变成了[4, 5, 1, 2, 3]。我们将2个样本分别进行傅里叶变换后的*modulus*之间的欧氏距离作为真实距离d^*。因此，如果样本对中的2个样本是互相经过平移得到的，则$d^* = 0$，否则$d^* > 0$。图3-4展示了在中间编码所期望的真实数值缺失的情况下，通过访问成对的距离数据，自编码器仍然能够学习等效于输入经过傅里叶变换后的不变表示。

其次，创建这样一个数据集：该数据集中的每个样本由左右2个大小相等的部分组成（如果样本有10个特征，则每个部分由5个特征组成），每个部分均独立进行循环移位。在一个样本对中，如果其中一个样本的左右2个部分都是另一个样本中对应部分的平移版本，那么真实的距离$d^* = 0$。该数据集中还创建了这样一些样本：它们在左右2个部分中只有其中一部分关于不变性是相同的，这些样本的$d^* > 0$，这使得

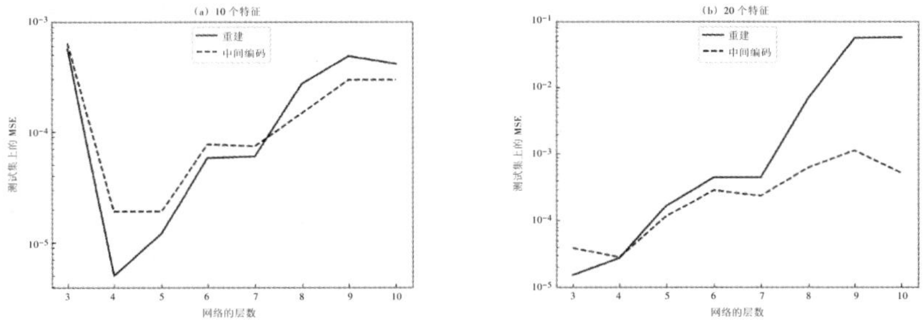

图 3-4　利用扩展层学习平移不变性

我们能够检测是否正确地学习了上述2个部分的平移不变性。根据图3-5，本章提出的结构可以成功地学习这种类型的不变性（在测试集上的MSE低于10^{-4}）。

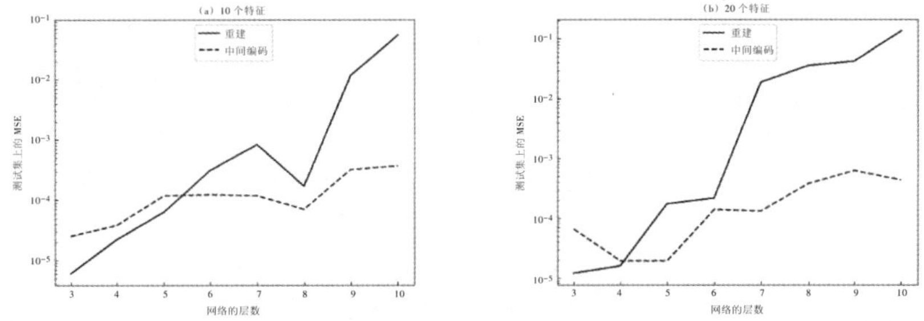

图 3-5　利用本章提出的结构学习2个部分平移不变性

3.7.2　排列未知的平移不变性的实验验证

本部分对扩展层是否能有效地学习更为复杂的平移不变性进行实验验证，即数据的排列完全是未知的。具体来说，我们将n维输入的每个维度当作一个节点，在具有n个节点的图上创建一个随机循环，并沿着该循环执行随机步数的维度循环移位，网络通过训练应该能学习到这组数据的不变表示。图3-6中的实验结果表明，本章提出的结构成功地学习到了这种类型的不变性。

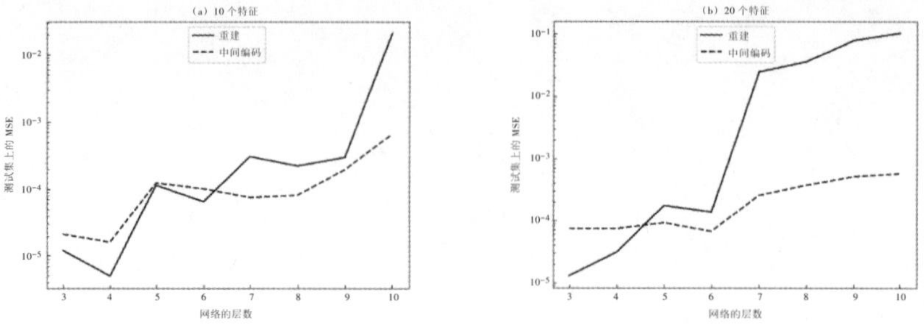

图3-6　利用本章提出的结构学习维度排列未知数据的不变性

3.8　实证研究

Lai等[230]于2018年发布了4个多元时序数据集（每个时间序列都按时间顺序分为训练集、验证集和测试集，比例依次为60%、20%和20%）。

① 太阳能：2006年亚拉巴马州光伏发电厂的太阳能发电量数据。

② 交通：加州交通部提供的2015—2016年的数据，包括旧金山湾区高速公路的道路占用率。

③ 电力：321个客户的用电量记录（*kw/h*）。

④ 汇率：澳大利亚、英国、加拿大、中国、日本、新西兰、新加坡、瑞士8个国家1990—2016年的汇率。

上述4个数据集都是真实世界的数据集，数据中同时存在线性和非线性相互依赖关系。在这4个数据集上对本章所提出的扩展层的有效性和泛化能力进行了评估。表3-1汇总了有关上述数据集的统计量。其中，*L*是时间序列的长度，*D*是时间序列中变量的个数，*S*是采样间隔，*B*是数据集的字节大小。

表3-1　**多元时序数据集的统计量**

数据集	*L*	*D*	*S*	*B*
太阳能	52 560	137	10分钟	173M
交通	17 544	862	1小时	130M
电力	26 304	321	1小时	91M
汇率	7 588	8	1天	534k

我们将所提出的扩展层与以下常用的基线模型[231]进行了比较：

① AR[232]：标准的自回归模型。

② LRidge[233]：具有 L-2 正则化的向量自回归（Vector Autoregression，VAR）模型（最常用的多元时间序列预测模型）。

③ LSVR：具有SVR目标函数的VAR模型。

④ GP：高斯过程。

⑤ SETAR[234]：自激阈值自回归模型。

⑥ LSTNet[230]：第一个专门为多元时间序列预测而设计的深度学习框架。它能够非常有效地捕捉时间序列信号的周期性和长期依赖性。

本章使用绝对损失函数（Absolute Loss Function）以及Adam优化器，并使用网格来搜索可调参数。太阳能、交通和电力的数据集的窗口大小的搜索范围是{24，48，96，120，144，168}，学习率是10^{-3}；汇率数据集的窗口大小的搜索范围是{30，60}，学习率是3×10^{-3}。基线模型AR、LRidge、LSVR、GP和SETAR使用与LSTNet一样的参数设置。本章提出的结构使用2个扩展层来学习数据中的不变表示，并使用一个全连接层对多元时间序列进行预测（Adam优化器的学习率是10^{-4}）。在实验中，我们使用相对绝对误差（Relative Absolute Error，RAE）、均方根误差（Root Mean Squared Error，RMSE）和经验相关系数（Empirical Correlation Coefficient，CORR）3种评估指标。具体的评估结果分别见表3-2、表3-3和表3-4。实验结果表明，本章提出的结构在所有数据集上的预测效果都优于其他方法，证明了该结构在预测多元时间序列中的优越性。

表3-2 **每个模型的RAE值**

数据集	预测步长	AR	LRidge	LSVR	GP	SETAR	LSTNet	提出的结构
太阳能	3	0.1846	0.1227	0.1082	0.1419	0.1285	0.0985	0.0918
	6	0.3242	0.2098	0.2451	0.2189	0.1962	0.1554	0.1296
	12	0.5637	0.4070	0.4362	0.4095	0.2611	0.2018	0.1902

续表

数据集	预测步长	AR	LRidge	LSVR	GP	SETAR	LSTNet	提出的结构
交通	3	0.4491	0.4965	0.4629	0.5148	0.3226	0.3287	0.2901
	6	0.4610	0.5115	0.5483	0.5779	0.3372	0.3627	0.2999
	12	0.4700	0.5198	0.7454	0.5316	0.3368	0.3518	0.3112
电力	3	0.0579	0.0900	0.0858	0.0907	0.0475	0.0509	0.0463
	6	0.0598	0.0933	0.0816	0.1137	0.0524	0.0587	0.0491
	12	0.0603	0.1268	0.0762	0.1043	0.0545	0.0598	0.0541
汇率	3	0.0181	0.0144	0.0148	0.0230	0.0136	0.0180	0.0139
	6	0.0244	0.0225	0.0231	0.0239	0.0199	0.0266	0.0192
	12	0.0291	0.0358	0.0360	0.0355	0.0288	0.0296	0.0384

表3-3 **每个模型的RSE值**

数据集	预测步长	AR	LRidge	LSVR	GP	SETAR	LSTNet	提出的结构
太阳能	3	0.2435	0.2019	0.2021	0.2259	0.2374	0.1843	0.1803
	6	0.3790	0.2954	0.2999	0.3286	0.3381	0.2559	0.2347
	12	0.5911	0.4832	0.4846	0.5200	0.4394	0.3254	0.3234
交通	3	0.5991	0.5833	0.5740	0.6082	0.4611	0.4777	0.4487
	6	0.6218	0.5920	0.6582	0.6772	0.4802	0.4893	0.4685
	12	0.6252	0.6148	0.7714	0.6406	0.4847	0.4950	0.4641
电力	3	0.0995	0.1467	0.1523	0.1500	0.0901	0.0864	0.0823
	6	0.1035	0.1419	0.1372	0.1907	0.1020	0.0931	0.0916
	12	0.1050	0.2129	0.1333	0.1621	0.1048	0.1007	0.0964
汇率	3	0.0288	0.0184	0.0189	0.0239	0.0178	0.0266	0.0174
	6	0.0279	0.0274	00284	0.0272	0.0250	0.0280	0.0241
	12	0.0353	0.0419	0.0425	0.0394	0.0352	0.0356	0.0341

表3-4 **每个模型的CORR值**

数据集	预测步长	AR	LRidge	LSVR	GP	SETAR	LSTNet	提出的结构
太阳能	3	0.9710	0.9807	0.9807	0.9751	0.9744	0.9843	0.9850
	6	0.9263	0.9568	0.9562	0.9448	0.9436	0.9690	0.9742
	12	0.8107	0.8765	0.8764	0.8518	0.8974	0.9467	0.9487
交通	3	0.7752	0.8038	0.7993	0.7831	0.8631	0.8721	0.8812
	6	0.7568	0.8051	0.7267	0.7406	0.8501	0.8691	0.8717
	12	0.7544	0.7879	0.6711	0.7671	0.8465	0.8614	0.8717
电力	3	0.8845	0.8890	0.8888	0.8670	0.9402	0.9283	0.9429
	6	0.8632	0.8594	0.8861	0.8334	0.9294	0.9135	0.9337
	12	0.8591	0.8003	0.8961	0.8394	0.9202	0.9077	0.9250
汇率	3	0.9734	0.9788	0.9782	0.8713	0.9759	0.9735	0.9790
	6	0.9656	0.9722	0.9697	0.8193	0.9675	0.9658	0.9709
	12	0.9526	0.9543	0.9546	0.8484	0.9518	0.9511	0.9564

3.9 本章小结

本章提出一种能够自动从时序数据中学习到不变表示的结构。首先，本章通过实验验证了标准的神经网络不适用于捕捉数据中的不变表示。其次，本章提出一个包括丰富变换的扩展层，并验证了它能非常有效地自动学习到数据中的不变表示。最后，我们在4个时序数据集上验证了本章提出的结构具有良好的预测效果。上述这些结果为构建对时间序列的各种变化具有鲁棒性的神经网络开辟了新路径。

4 基于神经网络集成算法的金融时间序列预测

准确预测金融时序数据对金融市场的运行和管理起着重要作用。本章基于神经网络和集成学习思想，提出一种新的用于预测金融时序数据的ARMA-CNN-LSTM模型。该模型将卷积神经网络、长短期记忆网络以及自回归移动平均模型在集成框架中进行组合，通过CNN-LSTM模型对数据的时空特征进行建模，同时利用ARMA模型对数据的自相关特征进行建模，实现对金融时序数据的线性和非线性特征的混合建模。实验结果表明，与基准个体模型相比，本章提出的模型在预测金融时序数据的精度和鲁棒性两个方面显示出了优异的性能。

4.1 引言

金融市场预测是金融时间序列预测领域中重要的研究主题之一，金融市场走势是金融模型在衍生品定价和风险管理等一些重要研究问题中的关键变量[235]。对金融时间序列变化的准确预测在金融市场的运行和风险管理中起着至关重要的作用。例如，股票市场是最具传统的金融市场之一，准确预测和分析股票指数对于制定交易策略和投资组合风险管理具有重要意义[236]。

各种金融市场的金融产品价格通常以金融时间序列的形式呈现，并受到世界范围内诸如典型的宏观经济因素等复杂风险因素的影响[237]。大量实证研究表明，金融时序数据会表现出不同的特征[238]。除了利用均衡分析法对金融市场进行建模外，通过数据分析建模对金融市场进行预测也是研究热点之一。近年来，计量经济学理论、线性和非线性时间序列模型以及人工智能模型等的应用在该研究领域都得到了长足发展，每种模型因其特定的假设而被设计用于捕获不同的数据特征[239]。例如，自回归移动平均模型旨在对数据中的自相关性进行建模[240]。卷积神经网络、长短期记忆网络和支持向量回归（Support Vector Regression，SVR）等人工智能模型，对数据中的非线性特征的建模和对金融时序的准确预测均起到了非常重要的作用[241]。其中，深度学习模型被认为是目前最先进的模型，该类模型的独特之处在于它针对特定的数据特征（如在建模过程中非常有用的时间和空间特征）建模。而结合了不同模型的混合方法在很大程度上提高了模型的拟合度和预测精度[242]。

本章在ARMA和CNN-LSTM的基础上提出一种新的集成预测模型ARMA-CNN-LSTM。不同于现有的依靠ANN和SVR等对非线性数据特征进行建模的集成模型[243]，ARMA-CNN-LSTM能对特定的时空数据特征，利用CNN-LSTM对数据中相邻时间点观测值之间的非线性空间特征和数据中的长时依赖关系同时建模，并通过ARMA对线性自相关数据特征建模。因此，本章提出的模型的最终预测值由线性模型ARMA的线性预测值和非线性模型CNN-LSTM的非线性预测值2个部分组成。研究发现，在集成预测框架下，利用深度学习模型可以很好地提取时序数据时空特征的优势，以实现对金融时间序列更准确地建模和预测。我们将模型ARMA-CNN-LSTM与基准模型ARMA以及多个个体模型在预测精度方面进行了综合评价。实验结果表明，ARMA-CNN-LSTM与其他模型相比，它在金融时序数据预测方面具有最佳的预测效果。

本章其他部分的内容如下：4.2节对金融时序数据预测和建模的相关工作进行了综述，并详细介绍了个体模型ARMA、CNN和LSTM。

4.3节具体介绍了集成预测模型的构建。4.4节对本章提出的模型在3个金融时序数据集上进行实证研究。4.5节对本章进行了总结。

4.2 相关工作

4.2.1 ARMA模型

ARMA等传统线性时序模型被广泛用于分析金融时序中的自相关性等线性数据特征，并常作为基准模型与其他模型的预测结果进行比较。例如，Ibrahim等[244]利用ARMA、Random Forest和MLP等模型对比特币未来5分钟的价格走势进行预测，通过对比发现，MLP的预测准确率最高。Chevallier等[245]提出了一个非参数模型分别对碳现货价格和碳期货价格进行预测，该模型与自回归模型（Autoregression，AR）相比，有效地降低了预测误差。Zhao等[246]提出一种新的碳期货价格预测模型：组合-MIDAS模型，其预测效果优于AR、MA和TGARCH等基准模型。

在ARMA模型中，时序数据的当前值是之前的值和白噪声项的线性组合，见式（4.1）至式（4.3）：

$$\phi(L)r_t = \mu + \theta(L)\mu_t \tag{4.1}$$

$$\phi(L) = 1 - \phi_1 L - \phi_2 L^2 - \cdots - \phi_r L^r \tag{4.2}$$

$$\theta(L) =1 - \theta_1 L - \theta_2 L^2 - \cdots - \theta_m L^m \tag{4.3}$$

其中，r_t是金融时间序列，μ_t是一系列独立同分布的随机变量（即白噪声项），μ是一个常数，$\phi(L)$是AR的r阶滞后多项式，$\theta(L)$是MA的m阶滞后多项式，L是滞后算子（用于将时间点$t-1$的值转换为时间点t的值）。若已知时间序列r_t和整数k，则该滞后算子被定义为$L_{r_t}^k = r_{t-k}$。ARMA等传统线性模型擅长对金融时序的线性特征进行建模，但在对非线性特征进行建模时会面临困难[247]。

4.2.2 人工智能模型

近年来，人工智能模型因其强大的非线性建模能力而备受关注，不同人工智能模型的组合使用在提高时间序列预测效果上展现了不凡实力。例如，Wen等[248]提出一种结合了奇异谱分析（Singular Spectrum Analysis，SSA）与支持向量机（Support Vector Machine，SVM）的混合预测模型SSA-SVM，在预测股票价格方面比SVM和EEMD-SVM模型具有更高的预测精度；Shen等[249]将门控循环单元（Gated Recurrent Unit，GRU）和SVM模型相结合，提出了GRU-SVM模型，与GRU、SVM和深度神经网络相比，它在股票交易信号的预测方面具有更好的效果。

CNN和LSTM作为2种典型的深度学习模型，因其对数据的长时依赖性和对时间序列中局部相邻特征方面的强大建模优势，在股票市场、交易所市场和电力市场等多个市场中已经显示出它们作为预测工具的巨大潜力[250]。例如，Ni等[127]在循环神经网络（Recurrent Neural Networks，RNN）和CNN的基础之上构建的模型C-RNN提高了汇率的预测精度。在电价预测领域，Peng等[251]提出由LSTM模型和差分进化算法组成的混合预测模型DE-LSTM，通过对澳大利亚的新南威尔士州、德国、奥地利和法国电价的预测，证实了该模型在预测性能上的优越性。

①CNN模型。CNN[36]模型通过在卷积层引入卷积操作对输入数据的局部区域之间的非线性关系进行建模。典型的CNN模型由输入层、卷积层、池化层、Flatten层、全连接层和输出层组成。输入层将输入的数据传递给卷积层，卷积层则使用滤波器从输入数据中生成包含目标非线性数据特征的特征图。卷积层的操作为：

$$F_t = \sigma(\sum w*x_t + b) \tag{4.4}$$

其中，F_t是卷积层中滤波器所输出的特征图，x_t是输入矩阵，w和b分别是滤波器的权重向量和偏置向量，σ是激活函数，*是卷积操作。

池化层用于对前一个卷积层生成的特征图进行下采样。Flatten层用于将多维特征图的形状展平为一维形状，而全连接层根据变换后的特征图，按式（4.5）计算最终的预测结果。

$$y_t = \phi(w*F_t + b) \tag{4.5}$$

其中，y_t是当前时间点t的最终结果，F_t是从输入数据中提取的特征，w和b分别是密集连接层神经元的权值向量和偏置向量，ϕ是密集连接层的激活函数。

②LSTM模型。LSTM[31]模型是传统RNN模型的特殊变体，旨在解决RNN所存在的问题（在对时序的长时依赖关系进行建模时可能会发生梯度消失或梯度爆炸等问题）。LSTM的隐藏层由内循环系统和外循环机制2个部分组成。外循环机制使得LSTM能够递归馈送网络输入中先前时间点的隐状态，并对最终预测值产生影响。内部循环系统的主要部分是记忆单元，它是一个自连接单元，主要作用是存储时间状态信息，起到防止梯度爆炸和梯度消失的作用。LSTM隐藏层的基本结构是以记忆单元为关键部分的储存块，它包括3个特殊的自适应门控单元：第一，输入门用于决定当前输入中的哪些信息可以馈送到记忆单元中以更新单元状态。第二，遗忘门的功能是确定前一个单元状态中的信息哪些可存储在记忆单元，哪些应被丢弃。遗忘门还能防止单元状态的值无限增长。第三，输出门的作用是控制在计算当前时刻预测值时应该过滤掉存储单元中的哪些信息。输入门、遗忘门、输出门的值以及存储单元的候选值按式（4.6）至式（4.9）计算：

$$i_t = \sigma(w_i[x_t,\ h_{t-1}] + b_t) \tag{4.6}$$

$$g_t = \sigma(w_g[x_t,\ h_{t-1}] + b_g) \tag{4.7}$$

$$o_t = \sigma(w_o[x_t,\ h_{t-1}] + b_o) \tag{4.8}$$

$$\hat{C}_t = \sigma(w_C[x_t,\ h_{t-1}] + b_C) \tag{4.9}$$

其中，i_t、g_t、o_t和$\hat{C}_t$分别是在t时刻输入门、遗忘门、输出门和候选记忆单元状态的值，参数w_i、w_g、w_o和w_C是对应单元的权重矩阵，b_t、b_g、b_o和b_C是对应单元的偏置向量。

根据上述输入门、遗忘门、候选记忆单元以及之前记忆单元在$t-1$时刻的状态值，更新当前时间点t的记忆单元状态，见式（4.10）：

$$C_t = g_t{*}C_{t-1} + i_t{*}\hat{C}_t \tag{4.10}$$

其中，符号*表示按元素乘积，C_{t-1}是时间点$t-1$的单元状态，$\hat{C}_t$是当前时间点t的单元状态的更新值。

输出门从记忆单元中筛选出所需信息，并根据从记忆块中计算出的隐状态信息得到LSTM模型的最终输出值。LSTM的隐输出状态和最终预测值的计算过程为：

$$h_t = o_t * tanh(C_t) \tag{4.11}$$

$$y_t = \phi(w_y h_t + b_y) \tag{4.12}$$

其中，h_t是记忆块的隐状态值，y_t是LSTM模型的最终预测值，w_y和b_y分别是LSTM模型输出层的权重矩阵和偏置向量，ϕ是*Sigmoid*函数，*tanh*是双曲正切函数，ϕ是LSTM输出层中的激活函数。在训练过程中，使用基于梯度下降的反向传播算法最小化损失函数来优化LSTM模型的参数。

4.2.3 集成框架

很多学者尝试将深度学习模型和传统线性时间序列模型在集成框架中进行组合，用于构建具有更好预测效果的金融时序数据模型。例如，Shafie-khah等[241]建立的一个由小波变换、ARIMA模型和径向基函数神经网络组成的模型，此模型在电力市场的价格预测中取得了良好的效果。Cao等[252]建立了一个由CEEMDAN和LSTM组合的集成模型，并用于预测股票市场价格。实验结果表明，与基线模型相比，此模型具有更高的预测效果。Zhang等[253]利用ARIMA和ANN在线性和非线性模型建模方面的优势，构建了具有更高预测精度的时序数据预测模型。

综上所述，尽管在某些特定场景中，ARMA等单一预测模型对金融时序表现出了良好的预测性能，但随着连接设备和物联网的兴起，大量金融时序数据被迁移到云端，促成了时序数据的激增以及更大的随机波动性，单一模型不再适用于处理复杂的时序数据[254]。如何选择不同模型，通过集成的方式构建具有更高挖掘金融时序复杂数据特征能力的预测模型，是一个具有现实意义及研究价值的问题[255]。目前，有关金融时序的混合预测模型和方法的研究与应用取得了很多成果，但利用人工智能和传统时序模型对金融时序中不同数据特征进行同时建模的研究却少之又少[256]。因此，本章在集成框架下，通过传统时序模型ARMA与深度学习模型CNN-LSTM的组合来建模，以获取金融时序数据的线性和非线性特征，并在金融时序混合模型的构建方法上做了有益的尝试，为提高金融时序模型的预测效果提供了一条有效的途径。

4.3 集成预测模型的构建

4.3.1 个体模型

现有研究中已存在众多为预测金融时序而构建的模型，我们需要从中选择合适的个体模型来进行预测，从而构建一个能够对更为广泛数据特征进行建模的集成预测模型[257][258]。

在众多线性模型中，本章选择最具代表性的ARMA模型对数据中的自相关特征进行建模。ARMA模型是AR模型和移动平均（Moving Average，MA）模型的结合体，对时序数据具有良好的短期预测性能和解释能力[252]。

深度学习模型是目前最具前途的非线性模型之一，文献中已涌现出很多针对时序数据的不同特征进行建模的深度学习模型，如CNN和LSTM是其中最主流的2个模型[242]。CNN能够有效提取时序数据中的空间局部特征，而LSTM可以很好地表达输入中的长期依赖的信息[259]。此外，根据Karim等[260]的研究，LSTM和全卷积网络（Fully Convolutional Networks，FCN）以联合的方式用于预测时序数据时都能表现出非常良好的效果。因此，本章使用FCN作为CNN的结构，并利用同时包含CNN和LSTM的CNN-LSTM模型（如图4-1所示）对时序数据中的特征进行建模，同时提取相邻观测值之间的非线性空间相关性特征和所有历史观测值之间的非线性长时序依赖特征。

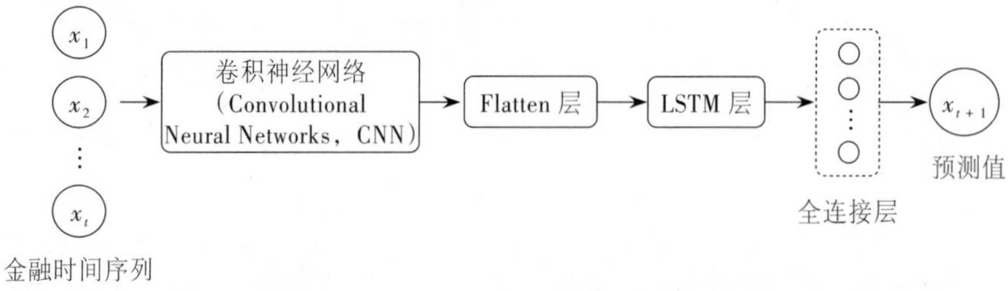

图4-1 CNN-LSTM模型的网络结构

4.3.2 集成预测模型

集成预测模型ARMA-CNN-LSTM的主要思想是通过结合能够捕获不同数据特征的个体模型（CNN-LSTM可以提取数据中的非线性特征，ARMA模型可以提取数据中的线性特征），并为每个模型分配相应权重的方式对时序数据进行建模和预测。

假设总体的预测值$\hat{y}_f$与个体模型的预测值$\hat{y}_i$之间是线性关系，当有n个个体模型（每个个体模型的预测值都分配了一个可学习的权重w_i）时，那么最终的预测值$\hat{y}_f$可以按式（4.13）计算：

$$\hat{y}_f = \sum_{i=1}^{n} \hat{y}_i * w_i \tag{4.13}$$

具体来说，首先将ARMA模型和CNN-LSTM模型并入到集成框架中形成ARMA-CNN-LSTM混合模型：ARMA模型捕捉金融时序数据的线性趋势，并得出线性预测值；CNN-LSTM非线性模型同时提取相邻观测值之间的非线性空间特征和整个历史观测值之间的非线性长时序依赖特征，得出时序数据的非线性预测值。然后，将上述2个个体模型的预测值（ARMA模型的线性预测值和CNN-LSTM模型的非线性预测值）按式（4.13）计算，得出最终的预测值。

4.4 实证分析

4.4.1 数据描述

本章使用3个不同的金融时序数据集对ARMA-CNN-LSTM模型的预测精度进行实证评估。这3个数据集分别是欧洲碳交易市场的每周EU ETS数据、中国股市的每日上证综合指数和每日比特币在加密货币市场的价格。选取上述3个具有代表性的金融时序数据集的原因如下：

① 欧盟排放交易系统（European Union Emissions Trading Scheme，EU ETS）[261]是全球最大的金融交易市场，总市场价值约为1 480亿美元，约占全球金融市场的84%，吸引了全球投资者、交易商和经纪人等

大量市场参与者的注意。

② 上证综合指数（Shanghai Composite Index，SCI）[262] 是中国主要的股票指数之一，吸引了大量股票市场参与者的关注，其交易量近年来增长迅速。因此，预测上证综合指数的价格走势具有重要的现实意义。

③ 比特币被认为是全球虚拟货币市场中最重要的加密货币之一，它逐渐吸引了越来越多的投资者、政策制定者和媒体的关注[244]。

上述3个数据集均来源于网易财经。EU ETS数据集涵盖了2008年4月7日至2022年4月11日，共731次每周观测数据。SCI数据集覆盖2010年1月4日至2022年1月23日，共3 647个每日观测数据。比特币数据集涵盖了2012年2月2日至2022年8月8日，共4 217个每日观测数据。为了便于模型的测试和性能评估，我们将所有数据集按照80：20的比例划分为训练集和测试集。其中，训练集用于训练不同模型的参数，测试集用于测试对比不同模型在样本外预测中的预测精度。模型的预测评估指标包括平均绝对误差（Mean Absolute Error，MAE）、平均绝对百分比误差（Mean Absolute Percentage Error，MAPE）、均方根误差（Root Mean Square Error，RMSE）和方向统计量 D_{stat}。MAE、MAPE和RMSE是用来衡量预测值与实际值之间的距离，它们的值越小，表明预测值与实际值越接近，模型的预测性能越好。D_{stat} 则是用来衡量模型在预测金融时间序列移动方向上的准确性，它的值越大，表明预测模型对金融时间序列移动方向的预测越准确。

4.4.2 样本内模型拟合结果

我们通过搜索来确定ARMA模型、个体模型和ARMA-CNN-LSTM模型的最优参数。

个体模型MLP、CNN和LSTM中的超参数（如CNN中滤波器的数量、LSTM隐藏层中的神经元数量、全连接层中的神经元数量、学习率和训练次数等）通过网格搜索来确定，并使用RMSE作为性能度量。其中，滤波器的搜索空间是（1，10）；神经元的搜索空间是（1，100）。具有至少一个隐藏层且使用非线性激活函数的全连接前馈神经网络是一个通用的函数逼近器[228]。如果神经元的个数足够多，那么全连接前馈神经网络能够对任意函数建模。因此，隐藏层的搜索范围为1至3，每个隐藏层中神经元的搜索范围为1至200，滚动窗口的大小设置为5。也就是说，每个子周期都包含5个先前的观测值，这相当于一周有5个交易日。滚动窗口每次向前滚动一步，通过贪婪搜索方法评估不同模型结构在验证集（训练集中最后10%的数据）中的RMSE来确定最优的模型结构。

对于CNN-LSTM模型，我们选择能使其产生最小MSE的参数作为最优参数（图4-2、图4-3和图4-4是该模型使用不同神经元个数下的性能）。

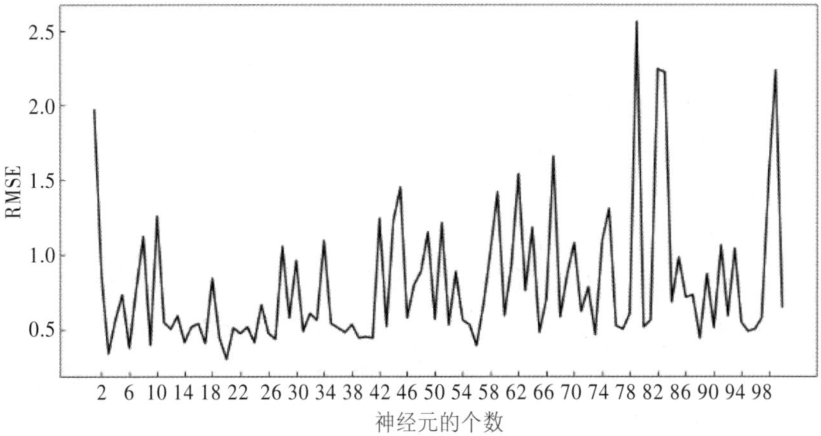

图4-2　CNN-LSTM模型使用不同神经元个数来预测EU ETS时的RMSE

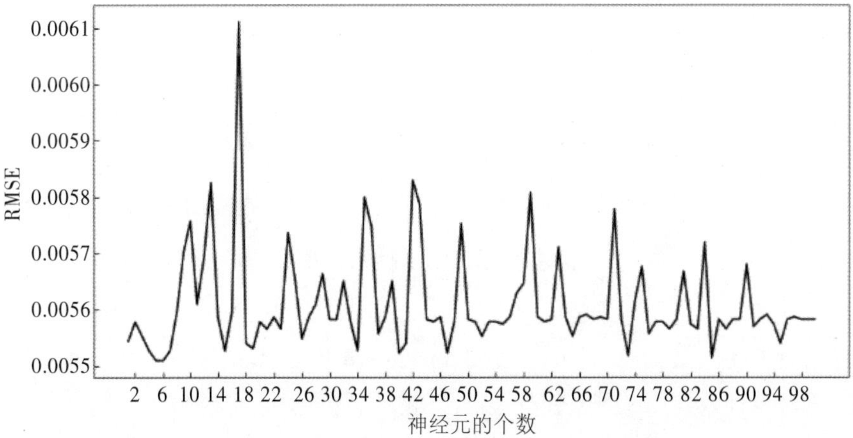

图4-3　CNN-LSTM模型使用不同神经元个数来预测SCI时的RMSE

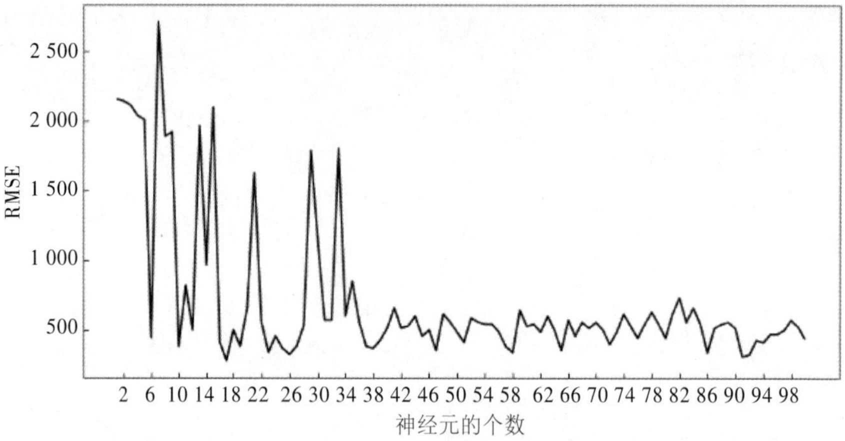

图 4-4 CNN-LSTM 模型使用不同神经元个数来预测比特币收盘价时的 RMSE

4.4.3 个体模型

① MLP[244]：它是一种最基本的前馈人工神经网络模型。

② ARMA[252]：它是一种最具代表性的线性时间序列预测模型。

③ CNN[36]：它能够有效地对数据中的非线性特征进行建模。

④ LSTM[31]：它是 RNN 的变体，能够有效解决传统 RNN 模型在对时序的长时依赖关系建模时所遇到的梯度消失或梯度爆炸等问题。

⑤ CNN-LSTM：它是由 CNN 和 LSTM 所组成的模型，能够对数据中的时空特征建模。

⑥ LSTNet[331]：它是一种专门用于多元时间序列预测的深度学习网络。

⑦ TimeGrad[263]：它是一种基于扩散模型的自回归模型。

⑧ RNN-GRU[264]：它一种具有全连接 GRU 隐藏单元的循环神经网络。

⑨ STGCN[265]：它是时空图卷积网络，可以提取出时序数据中有用的空间特征，并能够连贯地捕捉到最基本的时间特征。

⑩ TCLN[266]：它通过结合 Transformer 模型、CNN 模型和 LSTM 模型，能够有效提取变量之间的空间和时间特征。

4.4.4 模型的网络结构和参数设置

TPA-LSTM、LSTNet、DSANet和RNN-GRU均使用对应文献中的网络结构和参数设置方式，并应用于本章3个数据集的预测任务。此外，基于赤池信息量准则（Akaike Information Criterion，AIC）的最小化原则，在有关EU ETS数据集和SCI数据集的实践中，使用ARMA（1，1）作为基准模型，而在有关比特币数据集的实践中，使用ARMA（1，0）作为基准模型。在预测过程中，ARMA的滚动窗口大小被设置为训练的数据量，既金融时序的滚动窗口每向前滚动一步，就进行一次预测。

对于EU ETS数据，MLP、LSTM、CNN和CNN-LSTM4个模型的网络结构和参数设置如下：

① MLP：dense layer（units = 78，activation = ReLU）-- dropout layer（0.2）-- dense layer（units = 78，activation = ReLU）-- dropout layer（0.3）-- dense layer（units = 1）。

② LSTM：LSTM layer（units = 86，activation = ReLU）-- dropout layer（0.2）-- LSTM layer（units = 86，activation = ReLU）-- dropout layer（0.3）-- dense layer（units = 1）。

③ CNN：convolution layer（filters = 10，kernel size = 2，activation = ReLU）-- batch normalization -- convolution layer（filters = 10，kernel size = 2，activation = ReLU）-- batch normalization -- flatten layer -- dense layer（units = 81，activation = ReLU）-- dropout layer（0.3）-- dense layer（units = 1）。

④ CNN-LSTM：CNN layer（filters = 3，kernel size = 2，activation = ReLU）-- CNN layer（filters = 3，kernel size= 2，activation = ReLU）-- batch normalization -- CNN layer（filters = 3，kernel size = 2，activation = ReLU）-- batch normalization -- flatten layer -- LSTM layer（units = 20，activation= ReLU）-- dropout layer（0.3）-- dense layer（units = 10，activation= ReLU）-- dense layer（units= 1）。

对于SCI数据，MLP、LSTM、CNN和CNN-LSTM4个模型的网络结构和参数设置如下：

① MLP：dense layer（units = 80，activation = ReLU）-- dropout layer（0.2）-- dense layer（units = 80，activation = ReLU）-- dropout layer（0.3）-- dense layer（units = 1）。

② LSTM：LSTM layer（units = 3，activation = ReLU）-- dropout layer（0.3）-- dense layer（units = 1）。

③ CNN：convolution layer（filters = 8，kernel size = 4，activation = ReLU）-- batch normalization -- dense layer（units = 75，activation = ReLU）-- dropout layer（0.3）-- dense layer（units = 1）。

④ CNN-LSTM：CNN layer（filters = 3，kernel size = 2，activation = ReLU）-- batch normalization -- CNN layer（filters = 3，kernel size = 2，activation = ReLU）-- batch normalization -- flatten layer -- LSTM layer（units = 72，activation = ReLU）-- LSTM layer（units = 72，activation = ReLU）-- dropout layer（0.2）-- dense layer（units = 10，activation = ReLU）-- dropout layer（0.2）-- dense layer（units = 1）。

对于比特币收盘价，MLP、LSTM、CNN和CNN-LSTM4个模型的网络结构和参数设置如下：

① MLP：dense layer（units = 65，activation = ReLU）-- dropout layer（0.2）-- dense layer（units = 65，activation = ReLU）-- dropout layer（0.3）-- dense layer（units = 1）。

② LSTM：LSTM layer（units = 35，activation = ReLU）-- dropout layer（0.2）-- LSTM layer（units = 35，activation = ReLU）-- dropout layer（0.3）-- dense layer（units = 1）。

③ CNN：convolution layer（filters = 5，kernel size = 2，activation = ReLU）-- convolution layer（filters = 5，kernel size = 2，activation = ReLU）-- dense layer（units = 73，activation = ReLU）-- dense layer（units = 1）。

④ CNN-LSTM：CNN layer（filters = 5，kernel size = 2，activation = ReLU）-- CNN layer（filters = 5，kernel size = 3，activation = ReLU）-- flatten layer -- LSTM layer（units = 17，activation = ReLU）-- dense layer（units = 10，activation = ReLU）-- dropout layer（0.2）-- dense layer (units = 1)。

4.4.5 样本外模型性能评估结果

确定最优参数后，将基准模型ARMA、集成模型ARMA-CNN-LSTM以及其他个体模型应用于金融时序数据的样本外数据预测，并对这些模型的性能进行比较和评价。表4-1至表4-3展示了不同预测模型在4种评价标准下对3种金融时序数据进行10倍交叉验证时的实验结果。

表4-1　不同模型对EU ETS金融时序预测能力的比较

模型	RMSE	MAPE	MAE	D_{stat}
ARMA	1.2379	0.0413	0.9122	0.5581
MLP	1.3771	0.0466	1.0217	0.5039
LSTM	3.9867	0.1552	3.3696	0.5504
CNN	1.7748	0.0621	1.3474	0.4884
CNN-LSTM	1.2205	0.0409	0.8978	0.5794
STGCN	1.2325	0.0411	0.9017	0.5774
LSTNet	1.2294	0.0409	0.8997	0.5803
TimeGrad	1.2287	0.0487	0.8974	0.5814
RNN-GRU	1.2275	0.0479	0.8954	0.5874
TCLN	1.2123	0.0412	0.8612	0.5892
ARMA-CNN-LSTM	1.1195	0.0380	0.8537	0.5947

表4-2　不同模型对SCI金融时序预测能力的比较

模型	$RMSE_{\times 10^{-2}}$	MAPE	$MAE_{\times 10^{-2}}$	D_{stat}
ARMA	1.2004	1.3853	0.8669	0.7416
MLP	1.2175	1.2291	0.8727	0.7321
LSTM	1.2022	1.1637	0.8644	0.7421
CNN	1.2061	1.2057	0.8679	0.7403

续表

模型	$RMSE_{\times 10^{-2}}$	MAPE	$MAE_{\times 10^{-2}}$	D_{stat}
CNN-LSTM	1.2014	1.1632	0.8632	0.7421
STGCN	1.2154	1.1635	0.8635	0.7418
LSTNet	1.1998	1.1624	0.8624	0.7415
TimeGrad	1.1987	1.1579	0.8627	0.7419
RNN-GRU	1.1989	1.1584	0.8628	0.7421
TCLN	1.1893	1.1488	0.8604	0.7432
ARMA-CNN-LSTM	1.1864	1.1429	0.8570	0.7443

表4-3 **不同模型对比特币收盘价预测能力的比较**

模型	RMSE	MAPE	MAE	D_{stat}
ARMA	324.6788	0.0258	199.5287	0.4928
MLP	341.0648	0.0284	217.3472	0.5153
LSTM	476.8439	0.0423	327.0795	0.5395
CNN	378.6605	0.0315	243.0132	0.5298
CNN-LSTM	332.4257	0.0267	225.1432	0.5532
STGCN	375.3432	0.0325	243.1242	0.5484
LSTNet	323.9403	0.0261	215.3742	0.5501
TimeGrad	343.3278	0.0259	218.4821	0.5421
RNN-GRU	333.8942	0.0257	214.3802	0.5421
TCLN	332.9421	0.0255	200.3701	0.5521
ARMA-CNN-LSTM	323.2705	0.0252	196.8432	0.5576

本章提出的模型 ARMA-CNN-LSTM 在 4 个预测性能指标上都取得了比其他基准模型和个体模型更好的预测性能。同时，ARMA-CNN-LSTM 模型的 D_{stat} 高于其他模型，表明该模型在预测金融时序方面比现有的主流模型具有更高的预测精度以及更好的方向预测精度。

CNN和LSTM在3个数据集上的预测效果都没有基准模型ARMA的预测效果好，表明它们不能对具有复杂特征的时序数据提供足够的拟合，而只适用于对数据特征的某些方面进行建模。由于金融时序数据通常是混合了多种数据特征，因此需要通过组合不同类型的模型才能达到较好的预测效果，如本章提出的ARMA-CNN-LSTM集成预测模型。

式（4.13）是一种具有鲁棒性的线性集成方法。本章采用此方法对个体模型ARMA和CNN-LSTM的预测值进行加权平均所构建的ARMA-CNN-LSTM模型，可以很好地减少预测的估计偏差，提高预测的精度。相对个体模型，集成模型ARMA-CNN-LSTM预测精度的提高不仅得益于针对不同数据特征的深度学习模型的引入，而且得益于在集成模式下实现了对深度学习模型和计量经济模型所捕捉到信息的有效融合。

4.5 本章小结

金融时序数据常常呈现出复杂性，且包含了很多不同类型的特征，单一模型已不再适用于处理复杂的时序数据。本章利用传统时序模型ARMA能提取时序数据中的自相关性等线性特征的特性，结合深度学习模型CNN-LSTM能提取时空数据中的非线性特征的特性，提出集成预测模型ARMA-CNN-LSTM，它在3个金融时序数据集上表现出良好的预测能力，证明了该模型具有很好的鲁棒性以及较高的应用推广价值。实验结果表明，在集成框架中引入特定的深度学习模型能对金融时序数据中的混合特征进行准确建模，在降低预测误差的同时大幅度提高模型的预测能力。

5 基于深度学习的图时间序列模型

时间序列和图因其在众多领域中的普遍存在而得到了广泛的研究。这2个主题已经分别在深度学习领域进行了探讨。对于时间序列建模，回归神经网络或卷积神经网络模拟不同时间步长之间的关系，而对于图建模，图神经网络模拟节点之间的关系。目前的深度学习研究需要同时建立时间序列和图的模型。例如，这2种类型的建模对于图中的时间序列分类、回归和异常检测都是必要的。本章旨在提供这些模型的一个全面的总结，我们称之为图时间序列模型。本章从深度图时间序列建模的角度出发，以解决一系列时序任务，包括回归、分类和异常检测。图时间序列模型分为2类：图循环/卷积神经网络和图注意神经网络。在每个类别中，我们进一步根据模型的属性对它们进行分类。此外，我们比较有代表性的模型，并讨论如何针对各种模型组件和数据挑战使用独特的模型特征。最后，我们讨论了未来研究的潜在方向。

5.1 引言

深度学习研究在时间序列分析和图建模方面取得了进展。时间序列分析在许多领域都是必不可少的，如信号处理、统计和数据挖掘[267-270]。虽然存在许多涉及时间序列分析的不同任务[271][272]，但本章特别关注时间序列任务，包括时间序列分类、时间序列异常检测和时间序列预测。因此，我们将时间序列分析的深度学习模型定义为一类利用神经网络处理上述任务的时序数据的模型。用于时间序列分类的深度学习模型通常通过学习数据嵌入来对时间序列进行分类[273]；时间序列预测方法利用深度学习解决各种问题，如单变量预测[274][275]、多变量预测[276][277]和预测模型的可解释性[278][279]；时间序列异常检测方法利用深度学习解决时间序列水平[280]、时间段水平[281]和时间滴答水平[282][283]的异常检测。不管它们的具体任务是什么，这些模型都可以分为2类：关注于单个时间序列的模型和同时考虑多个时间序列的模型。虽然前一类模型具有较少的参数和较强的解释性，但该类模型忽略了时间序列之间的相互关系。相比之下，后一类模型可以隐含或明确地利用时间序列之间的相互关系，使每个时间序列都能够利用其他序列中的信息，从而更好地提高模型性能。本章讨论的图时间序列模型举例说明了后一类。当然，图模型也同样被研究，因为它在模拟图节点实体之间的拓扑关系方面具有普遍的能力[284][285]。图深度学习研究最近在节点分类[286][287]、节点嵌入[288-291]和链接预测[292]方面取得了重大进展。在本章中，我们将图模型定义为那些利用图结构的模型，其中感兴趣的实体表示为节点，它们的关系表示为边。图时间序列模型属于图模型的范畴，其中节点与时间序列相关联。

现已有很多关于时间序列[14][293]或图综述论文[286][294]，然而，它们只能部分理解交织在2个主题之间的模型。虽然最近的一篇论文对这2个话题进行了联合调查，但它只调查了一项具体的异常检测任务。相比之下，本章旨在填补现有调查论文的空白，并总结深度学习中时间序列建模和图模型的相关内容。我们把相关模型称为图时间序列模型。图时间序列模型旨在使用2个不可或缺的组件来处理时间序列任务，一个时间序列组件捕获序列内的依赖关系，另一个图组件捕获序列间的依赖关系。

在深度学习的研究领域中，我们将图时间序列模型定义为包含一个图或多个图的模型，其中图通过其节点与时间序列相连接。在一个典型的图时间序列模型中，所使用的图的每个节点都与一个时间序列相配对。这种关联超越了时间序列值，包括与时间序列相关的静态或动态的上下文信息（如果有的话）。图的每个边连接2个节点，并表示它们的连接强度。例如，在一个为预测股票价格而设计的图时间序列模型中可以使用一个图，其中每个节点对应一个公司的价格序列和财务状况，连接成对股票的边缘可能表明了它们之间关系的强度。

本章概述如下：5.2节介绍了与图时间序列模型相关的综述论文。5.3节介绍了如何在深度学习中分别对时间序列和图进行建模。在5.4节中将具有代表性的图时间序列模型分为2大类：图递归/卷积神经网络（Graph Recurrent/Convolutional Neural Networks，GRCNN）和图注意神经网络（Graph Attention Neural Networks，GANN）。在GRCNN范畴中，我们进一步将模型分为时间序列建模和图建模2类。在GANN范畴中，我们进一步根据目标任务对模型进行分类。在5.5节中讨论和分析了表示组件在图时间序列模型中的应用，如门控机制和跳跃连接，以及模型的可解释性。5.6节总结了实际应用和常用的数据集，并讨论了图时间序列模型如何适应时间序列或图的不规则性。5.7节讨论了研究未来的方向。5.8节对本章进行了总结。5.9节是本章的附录。

5.2 相关综述论文

此部分既与对深度时间序列模型和深度图模型进行综述的论文紧密相关，又与从时间点过程或动态网络视角对图时间动态进行调查的综述论文紧密相关。我们介绍了选定模型在常用数据集上的表现，并提供了可能的原因，说明哪些组成部分有助于性能的提高。我们为基于图的时间序列的未来研究和应用方向提供了见解，还提供了公共使用的数据集和模型的链接。

国内外学者对深度学习中的时间序列进行了广泛研究，并针对不同的任务提出了许多模型。例如，Fawaz 等[14]调查了分类模型，并将它们分为生成模型和区分模型。Ho 等[295]讨论了各种任务类型，如点预测与概率预测、单期预测与多期预测等。Blázquez-García[293]提供了时间序列水平、期间水平和时间点水平异常检测模型的分类异常检测，并对大量的深度图模型进行了研究。Lim 等[296]提供了有代表性的图神经网络（Graph Neural Networks，GNN）的概述。Zhang 等[286]也总结了不同类型的GNN。此外，Wu 等[297]从不同的传播方法、采样方法和池方法的角度讨论GNN。虽然现有的时间序列调查不包括基于图的模型，且上述关于图的调查很少讨论时间序列模型，但这些文献为研究人员提出和推进图时间序列模型奠定了坚实的基础。最近的文献也旨在整合这2个主题。例如，Chung等[32]探讨了基于图的时间序列异常检测模型。不同于他们工作中对异常检测的专注，本章调查了包括回归、分类和异常检测在内的各种任务的模型，这有助于弥补深度学习中时间序列建模和图建模相结合领域存在的差距。

与图时间序列模型类似，网络中的时间点过程和动态网络是2种能够捕捉嵌入在图结构中的时间动态的模型。时间点过程（Temporal Point Processes，TPP）是一种随机过程，在不同的时间点上以离散事件列表的形式实现[298][299]。TPP通常用于连续时间离散事件的时间序列建模。例如，基于TPP的网络模型通过将每个链接创建为一个离散事件，并将事件之间的时间间隔作为一个随机变量来预测社交网络中链接创建的数量。相比之下，图时间序列模型使用聚合计数的数据集来推导规则时间间隔的时间序列。基于TPP的模型在时间建模方面得到了进一步的完善，但是它需要专家知识来选择随机变量背后的概率分布，这对于没有统计背景的用户来说是很困难的。此外，它通常采用二次时间复杂度，这对大规模数据来说，计算代价是很高的。动态网络模型通常形成一个随时间演化的图，用于捕获节点分类、链路预测和其他任务的节点之间的交互作用[300][301]。例如，Gupta 等[302]调查了依赖于时间的图表示学习和生成建模。由于这些模型不考虑时间序列，因此不能解决时间序列任务。与现有的文献不同，本章主要针对2个关键的研究问题：图时间序列模型如何整合图模型和时间序列模型，从中获得优势；图时间序列模型如何独特地结合不同的结构设计，如注意力和残余连接。我们通过对大量图时间序列模型的深入讨论，在整篇文章中引导这些研究问题，来帮助读者理解图时间序列模型在处理各种时间序列任务中的优势。此外，这种理解有可能促进相关研究领域的进一步发展。

5.3 深度学习中的时间序列和图：个体建模

在这一部分中，我们将讨论如何在深度学习中分别对时间序列和图进行建模。本章主要讨论时间序列和图中节点嵌入学习的高层次推广。

5.3.1 问题定义

我们首先对时间序列、图和图时间序列进行定义：

定义1 时间序列（Time Series）。时间序列被定义为从连续空间中通过采样获得或记录在离散空间的一系列数据值。这里令 $x = [x_1, x_2, \cdots, x_T]^T \in \mathbb{R}^T$，表示包含$T$个观测量且长度$T$的单变量时间序列。当有2个或2个以上的时间序列（如d时间序列）与一个实体相关时，通常会产生一个多变量时间序列，即$X \in \mathbb{R}^{T \times d}$，表示一个长度为$T$和$d$的多变量时间序列。有些文献用$d$来表示时间特征或隐含特征的个数。我们使用符号$d$来表示变量数量和特性数量，因为上下文清楚地表明正在使用哪个定义。在时间序列预测任务中，包含一些最新值的回顾窗口，是简化模型复杂性的常用技术。我们设置窗口大小为w，预测视界为τ。

定义2 图（Graph）。这里令 $G = (V, E)$，表示一个图，V和E表示它的节点集和边集。节点集的大小用 $N = |V|$表示，其中$|\cdot|$表示集基数运算符。该邻接矩阵由边集合导出，表示为$A = \mathbb{R}^{N \times N}$，即元素$A_{ij}$表示从节点$i$到节点$j$的边权重。在图是连通图的情况下，$A$是$A \in \{0, 1\}^{N \times N}$

的二元矩阵。对于每个节点 $v \in V$，用 $\Gamma(v) \subset V$ 表示它的相邻节点的集合。该图可能具有节点特征，在这种情况下，$X \in \mathbb{R}^{N \times d}$ 表示 d 维节点特征。为了方便，我们让 L 和 $D \in \mathbb{R}^{N \times N}$ 分别表示拉普拉斯矩阵（Laplacian Matrix）的邻接矩阵和度矩阵。其中，$L = D - A$，$D_{ii} = \sum_j A_{ij}$。

定义 3 图时间序列（Graph Time Series）。我们将图的时间序列定义为时间序列 X，其时间序列之间的相互关系在图 $G = (V, E, X)$ 中描述。根据上下文的不同，图时间序列可以是单变量的，也可以是多变量的。在基于图的时间序列模型中，图中的每个节点都与一个时间序列相关联，因此数据集中总共有 N 个时间序列构成节点特征数据 $X \in \mathbb{R}^{N \times T \times d}$。其中，长度为 T，维数为 d。为不失一般性，维数可设定为 $d = 1$，包括单变量时间序列的情况。除非另有说明，否则我们使用上标来表示时间索引。也就是说，X^t 是时刻 t 的所有值。我们使用下标来表示节点和多变量索引，即 X_i 是与节点 i 相关的所有值。

5.3.2 深度学习中的时间序列编码

为了对时间序列进行编码，有2种常见的神经网络类型：卷积神经网络（Convolutional Neural Networks，CNN）和递归神经网络（Recurrent Neural Networks，RNN）。通过卷积滤波器，CNN 模型捕获在卷积滤波器范围内的时间序列值之间的局部关系。相反，具有反复消化特征的RNN模型旨在学习隐状态，该隐状态将来自时间序列中所有早期观测的知识嵌入，之后将隐状态用于分类或预测等下游任务。以时间步长为 T、特征维数为 d 的一个多元时间序列 $X \in \mathbb{R}^{T \times d}$ 为输入例子，一个 RNN 结构在每个时间步 t 所输出的 d_u 维隐状态 $h^t \in \mathbb{R}^{d_u}$ 用数学公式可表示为：

$$h^t = f_\theta\left(h^{t-1}, x^t\right) \tag{5.1}$$

其中，θ 推广了神经网络的结构和参数，$\mathrm{x}^t \in \mathbb{R}^d$ 是时间步长 t 的观测值向量。当没有事先知识时，起始隐状态 h^0 通常初始化为零。该模型推广了有 N 个多元时间序列为 $X \in \mathbb{R}^{N \times T \times d}$ 的情形，因此在时间步长 t 的隐状态 $H^t \in \mathbb{R}^{N \times d}$ 由下列方程计算：

$$H^t = f_\theta\left(H^{t-1},\ X^t\right) \tag{5.2}$$

当H^0初始值为零，$X^t \in \mathbb{R}^{N \times d}$为时间步$t$的观测矩阵时，通过$t$沿时间维向前移动，最后时间步长$t = T$的隐状态从所有时间步长的数据中学习。将在5.3.4节中介绍RNN的2个变体：长短期记忆和门控循环单元。

5.3.3 深度学习中的图建模

近年来，国内外研究人员提出了大量的图深度学习模型，解决了各种图问题和数据特性。在本节中，我们主要关注使用GNN的节点嵌入模型。有效的节点嵌入（node embedding）可以用于下游任务，如节点分类和链路预测。

节点信息表示的学习一直是图深度学习中的重要任务之一。学习的节点嵌入可用于许多任务[283][303]。早期的模型利用随机游走[291][303]，而最近的模型提高了神经网络层的节点嵌入性能，有效地聚合相邻节点信息，并对节点之间的非线性相互依赖关系建模，以协助表示学习[287][304]。

给定一个图$G = (V,\ E)$，其中V是一个节点集，E是一个边集，此图包括$N = |V|$个节点，每个节点又包括d维特征$X \in \mathbb{R}^{N \times d}$，节点嵌入的目标是学习每个节点$v \in V$的一个选定维数$d_h$的隐状态$h_v \in \mathbb{R}^{d_h}$。广义节点嵌入图模型采用以下计算方式：

$$h_v = f_{\theta,\,G}\left(X_v,\ \{h_u | u \in V,\ u \neq v\}\right) \tag{5.3}$$

其中，θ是GNN的结构和参数。该方程意味着节点v的嵌入依赖于它的输入特征和其他节点的嵌入。实际上，其他节点的范围被限制在由$\Gamma(v)$表示的一个邻域集上，从而导致$u \in \Gamma(v)$。

GNN是大多数基于图的深度学习模型的基础。这里我们将简要介绍图卷积网络和图注意网络，以及它们的应用。

① 图卷积网络（Graph Convolutional Networks，GCN）。GCN直接对具有图卷积层的图结构进行操作，它被认为是对网格结构数据进行操作的CNN的对应物[287]。对于图中的每个节点，GCN根据其他节点的连

接强度聚集其他节点的信息，即邻近节点的影响大于远处节点的影响。图卷积层允许一跳相邻节点（One-hop Neighboring Nodes）的聚集。多跳邻域聚集可以通过叠加多个图卷积层来实现。GCN本质上是一种节点嵌入方法，最初应用于节点分类任务。

② 图注意网络（Graph Attention Networks，GAT）。GAT整合了注意力机制，它由自我注意层组成，基于节点嵌入学习节点之间的成对关系[305]。虽然标准的GAT将图的连通性信息作为输入，但是当这种连通性信息丢失时，GAT可以假设完整的图。节点嵌入用于计算注意力得分，从而作为图的边权重，这带来了双重优势。首先，注意力得分对节点之间的相互影响提供了一种貌似直观的解释。其次，节点嵌入和注意力得分可以轮流迭代计算，提供了一个自包含和相对简单的参数复杂性模型。此外，只要外部图形结构知识存在，就可以用于选择注意力分数计算。类似地，GAT也是一种节点嵌入方法，它通过合并每个节点的邻域信息来学习每个节点的隐状态。

5.3.4 神经网络中的基础计算

为了方便，我们用$f_*(\cdot)$表示神经网络中常用的函数、层和模块，并用下标来进行区分，如$f_{FC}(\cdot)$表示一个全连接层。为了简洁，激活函数、向量化和基础函数（如完全连接的层）将在5.9.1节中进行描述。正如本章附录（5.9节）中所定义的，我们让$f_{FC}(\cdot)$、$f_{FCsoftmax}(\cdot)$、$f_{EMB}(\cdot)$、$f_{CONV}(\cdot)$分别表示全连接层、Softmax层、嵌入层和卷积层。

LSTM是最流行的RNN变体之一，它的输入数据时间为T，维数为d，用$X \in \mathbb{R}^{T \times d}$表示。对于每个时间步长$t \in \{1, 2, 3, \cdots, T\}$，将时间序列反馈给LSTM。在任意时间点$t$，LSTM中关于输入向量$X^t \in d$的计算为：

$$f^t = \sigma\left(X^t W_{f1} + h^{t-1} W_{f2} + b_f\right) \tag{5.4}$$

$$i^t = \sigma\left(X^t W_{i1} + h^{t-1} W_{i2} + b_i\right) \tag{5.5}$$

$$o^t = \sigma\left(X^t W_{o1} + h^{t-1} W_{o2} + b_o\right) \tag{5.6}$$

$$c^t = f^t \odot c^{t-1} + vi^t \odot tanh\left(X^t W_{c1} + h^{t-1} W_{c2} + b_c\right) \tag{5.7}$$

$$h^t = o^t \odot c^t \tag{5.8}$$

其中，$\odot$ 为Hadamard乘积。维数 $c_{in} = d$ 转换为维数 c_{out}。变量的维数为 f^t，i^t，o^t，c^t，$h^t \in \mathbb{R}^{c_{out}}$，$W_{*1} \in \mathbb{R}^{c_{in} \times c_{out}}$，$W_{*2} \in \mathbb{R}^{c_{out} \times c_{out}}$，$b_* \in \mathbb{R}^{c_{out}}$。变量 f^0，i^0，o^0，c^0，h^0 的值需要用户初始化（如0）。因此，我们用 $f_{LSTM}(X) = [h^1, h^2, \cdots, h^T] \in \mathbb{R}^{T \times C_{out}}$ 表示LSTM模型函数。

门控循环单位（GRU）是另一种流行的RNN变体。在与LSTM输入相同的 $X \in \mathbb{R}^{T \times d}$ 时，GRU中的操作可由下述公式描述：

$$r^t = \sigma\left(X^t W_{r1} + h^{t-1} W_{r2} + b_r\right) \tag{5.9}$$

$$u^t = \sigma\left(X^t W_{u1} + h^{t-1} W_{u2} + b_u\right) \tag{5.10}$$

$$c^t = tanh\left(X^t W_1 + \left(r^t \odot h^{t-1}\right) W_2 + b\right) \tag{5.11}$$

$$h^t = u^t \odot h^{t-1} + \left(1 - u^t\right) \odot c^t \tag{5.12}$$

其中，变量的维数为 r^t，u^t，c^t，$h^t \in \mathbb{R}^{c_{out}}$，$W_{*1} \in \mathbb{R}^{c_{in} \times c_{out}}$，$W_{*2} \in \mathbb{R}^{c_{out} \times c_{out}}$，$b_* \in \mathbb{R}^{c_{out}}$。因此，我们用 $f_{GRU}(X) = [h^1, h^2, \cdots, h^T] \in \mathbb{R}^{T \times C_{out}}$ 表示GRU模型函数。

GCN是一个基本的GNN模型，它通过图形结构转换/节点特性。给定一个图 $G = (V, E, A)$，且节点特征 $X \in \mathbb{R}^{N \times d}$，一个具有 l 图卷积层的GCN模型通过以下算法学习节点嵌入：

$$\hat{A} = A + I \hat{D}_{ii} = \sum_j \hat{A}_{ij} \tag{5.13}$$

$$\tilde{A} = \hat{D}^{-\frac{1}{2}} \hat{A} \hat{D}^{-\frac{1}{2}} H^0 = X \tag{5.14}$$

$$H^l = f_{GCN}^l(X, A) = \sigma\left(\tilde{A} H^{l-1} W^{l-1}\right) \tag{5.15}$$

其中，A，I，D，$\hat{A}$，$\hat{D} \in \mathbb{R}^{N \times N}$ 分别为邻接矩阵、恒等矩阵、对角矩阵、标准化/邻接矩阵和标准化度矩阵。$W^* \in \mathbb{R}^{c_{in,*} \times c_{out,*}}$，其中 $c_{in,0} = d$ 和 $c_{in,l} = c_{out,l-1}$。当上下文清楚时，$f_{GCN}(X)$ 表示 $f_{GCN}(X, A)$。

GAT是另一个强大的GNN模型。GAT依靠注意力得分进行节点消息聚合。注意力系数的计算方法为：

$$\alpha_{ij} = \frac{exp\left(LeakyReLU\left(a^T\left[WH_i \| WH_j\right]\right)\right)}{\sum_{k \in \Gamma_i \cup \{i\}} exp\left(LeakyReLU\left(a^T\left[WH_i \| WH_k\right]\right)\right)} \tag{5.16}$$

$$H_i' = \sigma\left(\frac{1}{K}\sum_{k=1}^{K}\sum_{j\in\Gamma_i\cup\{i\}}\alpha_{ij}^k W^k H_j\right) \tag{5.17}$$

其中，α_{ij}是相邻节点集Γ_i中的节点j到节点i的注意力得分，通过获得所有相邻节点的得分来计算。此外，公式（5.16）中的W是可训练的参数矩阵，$\|$表示用于拼接节点i和j所对应的隐状态H_i和H_j的串联算子。$LeakyReLU\left(a^T(\cdot)\right)$使用到了式（5.10）中可训练的参数向量$a$和$Softmax$归一化。

将注意力得分扩展到K个通道，从而计算出节点i的一个新的隐状态H_i'，作为多头注意的平均值，并利用节点i的注意力得分a_{ij}^k、可训练参数矩阵W^k和节点i的局部邻域H_j，其中$j\in\Gamma_i\cup\{i\}$为隐状态，计算出每个通道的注意力得分。

5.4 深度图时间序列建模

图时间序列模型主要分为2类：图循环/卷积神经网络（Graph Recurrent/Convolutional Neural Networks，GRCNN）和图注意力神经网络（Graph Attention Neural Networks，GANN）。我们将在5.4.1节中详细讨论不同的GRCNN模型。GRCNN利用自回归或卷积层来学习时间值之间的时间依赖关系。我们还讨论了关于使用自导图和进化图的GRCNN模型。而GANN则是集成注意力机制来捕捉依赖关系。不同的注意力机制为跨时间戳的节点之间和值之间的相互影响提供了可能的解释。我们将在5.4.2节中详细讨论不同的注意力机制类型。需要注意的是，我们的类别并不是排他的，模型可分为不同的类别。在这种情况下，我们在最合适的范畴内讨论模型。在整个讨论过程中，我们总结和突出介绍了模型的关键功能或模块，详细的模型方程将在5.9.2节中提供。在5.9.3节和5.9.4节我们还给出了相关实验设置的标准，如时间序列标准化、图构造和可用的代码资源。

5.4.1 图循环/卷积神经网络

将图模型和时间序列模型结合起来是建立图时间序列模型的一种直观方法。在深度学习中，时间序列模型通常采用RNN和CNN，而图模型则采用GNN。表5-1提供了GRCNN在时间序列建模和图建模方面的比较。大多数GRCNN模型都建立了一个图，其中每个节点与一个时间序列相关联，无论是单变量还是多变量。除非另有说明，否则我们假设相关的时间序列都是多变量的，并且在所有节点中具有相同的特征维数。在本节中，我们首先从时间序列建模的角度讨论模型，然后从图建模的角度讨论模型。

表5-1　**GRCNN模型的属性比较**

类别	模型	时间序列			传播			图的类型			演化图
		RNN	CNN	Gates	GCN	Diffusion	Gates	Spatial	Temporal	Semantic	
基于RNN的图时间序列建模	GCRN [306]	✔			✔			✔			
	DCRNN [307]	✔				✔		✔			
	T-GCN [308]	✔			✔			✔			
	DGSL [309]	✔				✔				✔	
	VGCRN [310]	✔			✔					✔	
	GANF [311]	✔			✔			✔			
	GRIN [312]	✔			✔			✔			
基于CNN的图时间序列建模	STGCN [313]		✔		✔	✔					
	Graph WaveNet [314]		✔		✔			✔		✔	
	MTGNN [277]		✔		✔				✔		
基于自导图的模型	FC-GAGA [315]			✔			✔		✔	✔	
	STFGNN [316]	✔				✔		✔	✔		
	RGSL [317]	✔			✔			✔		✔	

续表

类别	模型	时间序列			传播			图的类型			演化图
		RNN	CNN	Gates	GCN	Diffusion	Gates	Spatial	Temporal	Semantic	
基于演化图的模型	Radflow [318]	✔						✔			✔
	TStream [319]	✔			✔			✔			✔
	LRGCN [288]	✔			✔			✔			✔
	Z-GCNET [320]		✔		✔			✔			✔
	ESG [321]	✔		✔	✔			✔	✔		✔

基于RNN的图时序建模（RNN-Based Graph Time Series Modeling）：RNN模型可以通过图卷积或图扩散代替权重矩阵乘法来执行节点信息传播。因此，改进的RNN模型不仅通过递归性质建立了时间依赖模型，而且捕捉了节点之间的非线性相互影响。在这一类中涵盖了GCRN、DCRNN和DGSL等，它们都将GNN模型嵌套在一个RNN单元中，如图5-1所示。

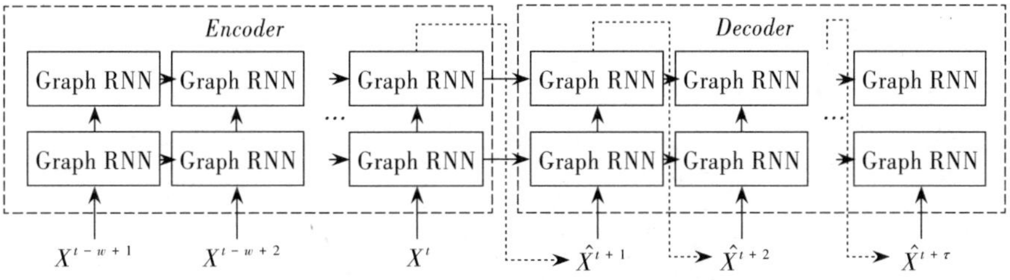

图5-1　图RNN模型的示意图

GCRN[306]用图卷积层代替LSTM中的全连接层。具体来说，LSTM中所有门的重量矩阵乘法被GCN取代，从而产生一个LSTM变体，表示为$LSTM^*$：

$$H^t = LSTM^*_{f_{GCN},\ G}\left(X^t,\ H^{t-1}\right) \tag{5.18}$$

GCRN利用图结构进行训练，允许每个节点有效地聚集邻域信息，这与通过密集的神经层建模在节点之间依赖性的原始RNN（在这种情况下，LSTM模型）相反。GCRN与LSTM具有相似的形式，因此GCRN的隐状态在时序预测任务中的使用方式与LSTM中使用隐状态的方式相同。

DCRNN[307] 使用扩散卷积来代替不同的RNN变体中的权重矩阵乘法，即GRU。图的扩散算子在参数θ和一个邻接矩阵A上，用$\mathcal{G}_\theta(\cdot)\theta$表示，定义为：

$$\mathcal{G}_\theta(X)=\sum_{k=0}^{K}\left(\theta_{k,1}\left(D_O^{-1}A\right)^k+\theta_{k,1}\left(D_I^{-1}A^T\right)^k\right)X \tag{5.19}$$

其中，D_O和D_I分别表示入度矩阵和出度矩阵。该模型利用随机游走矩阵$D_O^{-1}A$和$D_I^{-1}A^T$进行信息传播。对于时态组件，选择GRU代替LSTM，由于GRU模型的结构更简单，因此计算工作量更少。DCRNN启发了许多后续模型，如DGSL[311] 和T-GCN[310]。

DGSL[311] 可以看作是具有概率图的DCRNN变体，其中图结构是从时序数据中学习的。给定时序数据$X\in\mathbb{R}^{N\times T\times d}$，图$A\in\{0,1\}^{N\times N}$是参数化的，由下列方程组抽样：

$$Z_i=f_{FC,z}\left(Vec\left(f_{conv,T}\left(X_i\right)\right)\right)\theta_{ij}=\sigma\left(f_{FCs}\left(Z_i\|Z_j\right)\right) \tag{5.20}$$

$$A_{ij}=\sigma\left(\frac{log\dfrac{\theta_{ij}}{1-\theta_{ij}}+\left(\mathcal{G}_{ij}^1-\mathcal{G}_{ij}^2\right)}{s}\right)\qquad i,j\in\{1,2,\cdots,N\} \tag{5.21}$$

其中，$\mathcal{G}_{ij}^1$，$\mathcal{G}_{ij}^2\backsim Gumbel(0,1)$。利用Gumbel重参数化方法[322]，通过对式（5.20）中分布的边进行抽样，构造了一个二进制图，该方法使用了一个选定的常数参数。每个节点对应的参数θ_{ij}是通过一种链路预测方法学习的，该方法将节点嵌入作为式（5.19）中的输入。利用采样图，DGSL给出了用于序列间训练和预测的DCRNN模型。由于DGSL中的图是用时序数据参数化的，因此它可以同时为时间序列和图学习优化可训练的参数。除了时间序列预测外，最近的方法以各种方式为任务构造图。例如，VGCRN[317] 采用了一种概率方法，为时间序列异常检测建立了一个深度变分网络。GANF[320] 利用贝叶斯网络建立了一个图增强流模型，该模型对时间序列之间的因果关系建模，从而能够对时间序列进行异常检测。此外，GRIN[318] 利用GNN和RNN进行时间序列插补。

模型比较：对于图的建模，GCRN使用对无向图进行操作的GCN，而DCRNN和DGSL使用图的扩散，具有对有向图进行建模的优点。此外，GCRN和DCRNN需要外部图结构，而DGSL采用概率方法，并在不使用预定义图的情况下从节点嵌入中学习图结构。图5-2为图RNN单元，突出显示了所选模型之间的区别和共性。

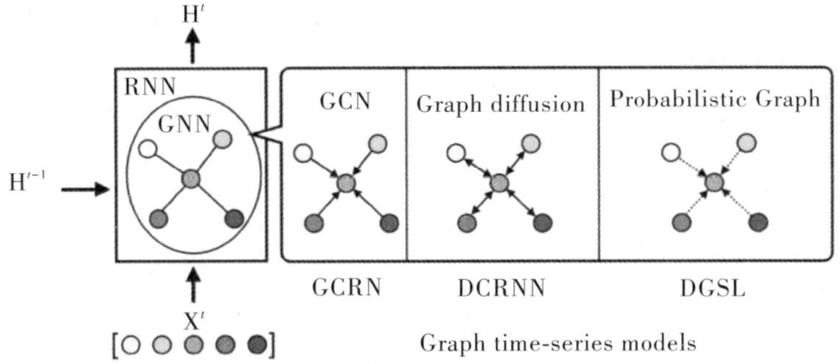

注：X^t表示时间t来自不同时序的值。每个节点与单个时序相关联。在GCRN中，每个节点通过GCN从邻近节点中学习。在DCRNN中，扩散学习过程同时考虑了每个节点的入度和出度，用双头箭头表示。在DGSL中，使用的图结构是概率的，用虚线箭头表示。

图5-2　图RNN单元

基于CNN的时间序列建模（CNN-Based Time Series Modeling）：STGCN[308]的另一种工作模型时间序列分别模拟图结构和时间依赖性，而不是在RNN结构中嵌套图。STGCN提出了一种由时间层-空间层-时间层组成的时空卷积块。时间层建立在一维卷积层和门控线性单元2种结构之上，与RNN模型相比它需要较少的时间复杂度。然而，空间层是由GCN层组成的。因此，STGCN是由独立的时间和空间2个维度组成的。

在Graph WaveNet[309]中，由于缺少节点连接，显式给定的图结构可能无法表示节点之间的关系，因此为了减轻RNN模型中信息缺失和组件效率低下的问题，我们提出了一种自适应邻接矩阵，并用层叠扩张的卷积层代替了RNN模型。在图形建模方面，图形小波网络通过添加第三项自适应邻接适应方程中的扩散矩阵来适应DCRNN中的图形扩散层，即：

$$A_{adapt} = f_{softmax}\left(ReLU\left(H_{emb1}H_{emb2}^{T}\right)\right) \tag{5.22}$$

通过嵌入 H_{emb1} 和 H_{emb2}^{T} 学习自适应矩阵，它们与给定的图结构无关。H_{emb1} 和 H_{emb2}^{T} 都是在模型训练开始时随机初始化的。

MTGNN[277] 通过节点嵌入构建图，不需要先验的图结构知识。MTGNN分别建模时间序列和图，然后将它们按通道顺序合并。为了简洁，我们将重点放在图的建模部分，让CNN表示时间分量，使扩张的CNN层显著降低时间序列的时间维数。给定时序数据 $X \in \mathbb{R}^{N \times T \times D}$，节点嵌入 H_{emb1}，$H_{emb2} \in \mathbb{R}^{N \times d_{emb}}$，计算邻接矩阵：

$$Z_1 = tanh\left(\alpha f_{FC,\ W_1}\left(H_{emb1}\right)\right) \qquad Z_2 = tanh\left(\alpha f_{FC,\ W_2}\left(H_{emb2}\right)\right) \tag{5.23}$$

$$A_0 = ReLU\left(tanh\left(\alpha\left(Z_1Z_2^{T} - Z_2Z_1^{T}\right)\right)\right) \qquad A = topk_{row}\left(A_0\right) \tag{5.24}$$

其中，2个单独计算的节点嵌入通过稠密层和 $tanh(\cdot)$ 激活函数与选定的常数超参数 α 进行转换，见式（5.23）。需要注意的是，A 被确保是不对称的，并且行前 k 选择被用来进一步稀疏化连接，见式（5.24）。

为了保留 A 表示的初始图结构，MTGNN利用随机游走和重启方法为每个节点导出多级隐状态，然后连接所有隐状态。设 $H_0 = \mathcal{G}_{cnn}(X)$ 表示时间分量的初始隐状态，利用转换后的图结构 A 计算，并聚合多层隐状态，得到 l 层隐状态为：

$$H^{l} = \beta H^{0} + \left(1 - \beta\right)\tilde{A}H^{l-1} \tag{5.25}$$

$$H = \sum_{l} f_{FC,\ W_1}\left(H^{l}\right) \tag{5.26}$$

模型比较：STGCN、Graph WaveNet和MTGNN使用不同的CNN变体进行时间序列建模。STGCN使用门控因果的CNN，Graph WaveNet使用扩张的CNN，而MTGNN结合了几种扩张的CNN得到了初始扩张的CNN，这使得它可以建模关于不同粒度的时间序列值。我们还注意到，STGCN使用一个GCN层来建模提供空间图，Graph WaveNet提出了一个自适应图，结合了空间图和自我派生的语义图，而MTGNN只依赖于自派生的语义图，并且不需要数据集中提供的图。

时间序列分量的模型比较：RNN与CNN。为了对时间序列深度学习进行建模，最直观的方法之一是在输入的时序数据上应用完全连接的层或一系列完全连接的层，并通过将预测值与真实值拟合来更新网络参数[242]。输入层中的每个神经元为每个时间步长保持一个值，下一层中的神经元通过网络参数汇总所有时间步长的值，然而，随着层数的增加，导致了参数的爆炸性增长和优化效率的低下。为了解决这些问题，卷积层被更频繁地使用，它大大降低了模型的复杂性，层之间的神经连接更少。此外，扩张的CNN层（如图5-3所示）以低模型复杂度模拟非常长的序列，因为它以预选频率向下采样时间序列输入。基于CNN的模型也被称为直接方法，因为它们一次性预测未来的值[318]；相反，基于RNN的模型通过反复消耗时间值来获得最终嵌入来捕获时间依赖性。由于这种时间序列建模的性质，RNN是最广泛使用的内部建模，正如我们在5.3.1节中阐述的。基于RNN的图时间序列模型嵌套在RNN细胞内的图建模，因此在模型设计方面受到相对更多的限制，与基于CNN的模型相比，基于RNN的图和时间序列用不同的层分别建模，这允许不同的组合，如STGCN中的时空-时间结构。

具有自导图的模型（Models with Self-Derived Graphs）：大多数相关的数据集，如交通数据和电力工作负载数据提供了主要描述节点地理连通性的外部图。然而，外部图结构并不总是可用的，并且它们不一定反映节点之间的实际连接。在这种情况下，一些模型提出使用自导图，即图的结构是由时间序列或节点嵌入导出。本节从图建模的角度描述模型，特别是不同的模型如何利用自我派生的图来捕获节点之间的相互关系。本节将讨论以下3个模型：FC-GAGA[312]、STFGNN[314]和RGSL[319]。此外，上一节中所讨论的模型，如Graph WaveNet和MTGNN等，也属于这一类型的模型。在本节的最后，我们将比较各种模型的图建模。

FC-GAGA[312]与MTGNN相似，它不需要事先知道图的具体结构。需要注意的是，FC-GAGA使用时间序列门代替RNN或CNN进行时间序列建模。时间序列门可以看作是一种特殊类型的CNN，因为它是用来权重时间协变特征的。设 $X \in \mathbb{R}^{N \times T}$ 表示节点时序，$H_{emb} = f_{EMB}(X) \in \mathbb{R}^{N \times d_{emb}}$ 表示节点嵌入。FC-GAGA由下列方程描述：

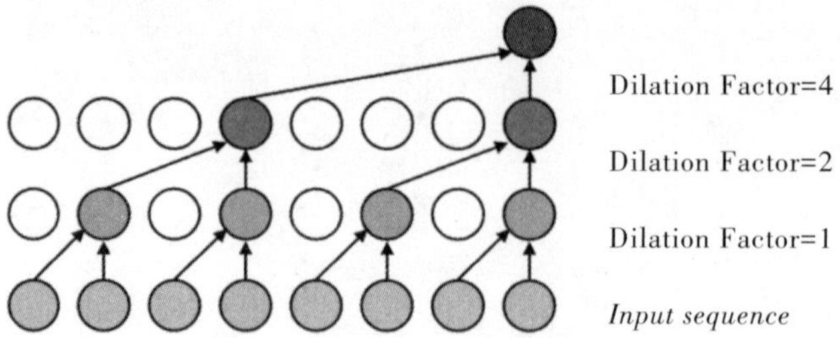

注：一个具有3个扩张CNN层（扩张因子Dilation Factor为[1，2，4]）的模型可以消化8个时间值，这通常比展开8倍的RNN结构要快。

图5-3 扩张的CNN层

$$A = exp\left(\epsilon H_{emb} H_{emb}^{T}\right) \tag{5.27}$$

$$\tilde{x}_i = \max_j X_{ij} \tag{5.28}$$

$$G_{i,jk} = ReLU\left[\frac{A_{ij} X_{jk} - \tilde{x}_i}{\tilde{x}_i}\right] \tag{5.29}$$

$$Z = \left[H_{emb} \middle\| \frac{X}{\tilde{x}} \middle\| G\right] \qquad \hat{X} = f_{res}(Z) \tag{5.30}$$

其中，图结构A从节点嵌入中学习和优化，并与转换的时序数据$\tilde{x}_i$一起在门控机制中使用，以关闭相关节点对的连接，见式（5.27）至式（5.29），ϵ作为选择的常数超参数。由嵌入H_{emb}的节点、按比例缩放的时序数据$X/\tilde{x}$和门控状态G构造一个隐状态Z。随后，Z作为残差模块的初始输入，用f_{res}表示，生成时间序列预测$\hat{X}$。为了简洁，我们在5.9.2节中介绍了剩余模块的细节。FC-GAGA算法不是基于马尔可夫模型或距离的图拓扑信息，而是自动生成图结构的自由度。然而，由节点嵌入构造的图代价是$\mathcal{O}\left(N^2\right)$的时间复杂度，这限制了FC-GAGA的可扩展性。

STFGNN[314]与许多只使用一个图的模型不同，它集成了3个图和融合层，其中每个图编码一种类型的信息。STFGNN定义了一个时间图在用动态时间规整（DynamicTime Warping，DTW）变体（定义见5.9.3节）编码图时间序列之间的时间相似性关系时，一个从节点之间的地理距离导出的空间图A_t，以及一个表示2个相邻时间步长之间节点连接的连通图A_c，然后将这3个矩阵排列成一个时空融合图$A \in \mathbb{R}^{KN \times KN}$，用户选择切片大小$K$进行隐状态学习。

RGSL[319]借助Gumbel-Softmax函数将外部图结构和语义图结合起来。此外，RGSL将领域知识整合到语义图中。

图建模：目标和局限性。图时间序列模型的图建模目标与一般的深图模型相似，即有效地利用每个节点的邻接信息。为了解决时间复杂性的局限问题，已经做出了很大的努力来允许可伸缩性。因此，许多GNN只需要$\mathcal{O}(|E|)$[284][287][305][323][324]，而不需要$\mathcal{O}(N^2)$[277][315][325]，即边上的图稀疏化显著降低了时间复杂性。

与一般的深度图模型不同，图结构与图时间序列模型中的时间序列密切相关。研究人员应该意识到它们的局限性：①图的密度可以限制计算效率。尽管许多GNN模型降低了从$\mathcal{O}(N^2)$到$\mathcal{O}(|E|)$的时间复杂性，但是当图稠密时（在最坏情况下是一个完整的图），边的数目将接近节点数的平方，即$\mathcal{O}(|E|)=\mathcal{O}(N^2)$，对需要及时响应的时间序列预测等任务来说，这是一个严重的限制。②与一般的深度学习模型不同，深度图模型的建模能力不会随着模型的深度或层数的增加而提高，而是仅仅通过增加图神经层就可以实现建模。通过叠加图神经层，包括远处的节点并引起过度平滑的问题，其中由于来自大邻域集的消息传播，局部信息没有得到很好的利用[297]。图时间序列模型在RNN结构中具有嵌套的GNN，由于在每个RNN展开步骤中都会发生消息传播，因此在对长序列建模时更容易出现过度平滑。③过度压缩问题。由于每个节点的邻近节点信息过多，而学习输出是一个固定长度的向量，因此信息损失是不可避免的[326]。

图组件的模型比较：图的构造方法。许多图时序数据集包含一个预定义的图。例如，Wikipedia数据有一个表示站点之间链接关系的图表[327]。在生物网络中，提供了一个图来表示生物实体之间的联系[328]。但是，对于其他没有显式提供图的数据集，需要一些度量来推导一个图。我们描述了3种获得图的方法，即空间图、时间图和语义图的构造。图5-4是这些图的构造方法，每种方法都附有示例。①空间图（Spatial Graphs）是根据距离信息建立的[307]。直接使用距离作为图的边权值，由于距离较短，使得距离较近的节点边权值较小。然而，大多数 GNN 模型需要一个紧密度图，其中更大的边权值代表更强的连接。将距离图转换为接近图的一个常见方法是通过径向基核函数（Radial Basis Function，RBF）。一个特殊的例子是连通性图，它是二进制的。也就是说，一个边存在，并在2个节点之间的边权重为1，且仅当它们是连接的。在地理学第一定律的假设下，一切事物都与其他事物相关，但近事物比远事物更相关，空间图和连通性图是直观的选择，如果它们在数据集中可用，那么它们在大多数模型中均可使用。②时间图（Temporal Graphs）是基于节点时间序列之间的时间相似性构建的[329]。通过将每个节点的时间序列格式化为一个序列，许多序列相似性度量可以用来得到一个时间图，包括余弦距离、系数度量和DTW等。例如，在前面提到的GRCNN模型中，STFGNN使用DTW来派生时间图，时间图是有用的连接和节点之间的相互影响高度相关的时间序列模型。此外，时间图超越了地理学第一定律，因为它们可能连接2个高度相关的节点时间序列，可能在地理上是遥远的。③语义图（Semantic Graphs）是基于节点嵌入构建的，以连接彼此在语义上相近的节点，这些节点之间共享一些类似的隐藏特征[312]。在语义图中，空间上相距较远的节点可能具有相似的特征，并且紧密相连[314]。相似水平可以通过一些嵌入式相似性度量，如通过相关系数来衡量。另外，边缘嵌入可以作为分布函数的参数，从中抽取边缘权值[311]，也可以集成多个语义类型的图[314][325]。语义图的优点是它不依赖于外部图结构或时间序列模式。在实践中，通过级联处理[312]、融合或使用一个图作为另一个图的掩码[314]，各种类型的图的组合被广泛使用[326]。

基于演化图的模型（Models with Evolving Graphs）：时间动力学不仅存在于节点级时间序列中，还存在于演化的图结构中，这就导致了图神经网络建模的另一个层次的复杂性。与静态图相反，演化图模型中使用的一系列图，可用$\mathcal{G}=\left(G_1, G_2, \cdots, G_T\right)$表示。其中，每个时间步长$t$都有一个图$G_t=\left(V_t, E_t\right)$。节点的数量动态地依赖于时间步长$N_t=\left|V_t\right|$。由于演化图中的动力学模型要复杂得多，因此本节简要描述具有代表性的模型。

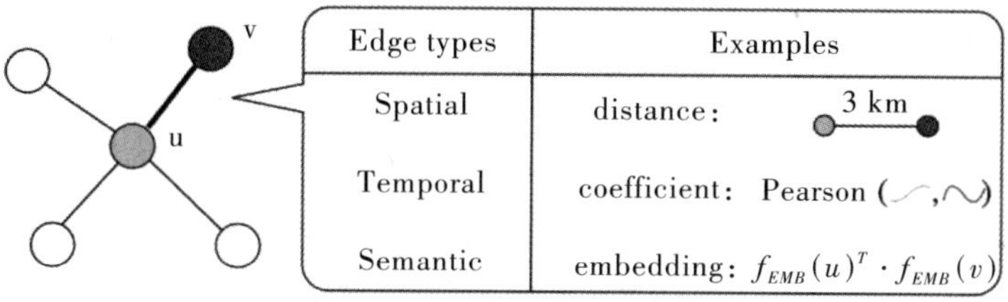

图5-4　3种图的构造方法

Radflow[313] 独立地模拟了一个空间分量和一个时间分量，随后通过总结它们来执行一个组合。Radflow的输入是一系列图$\mathcal{G}$，节点多元时间序列 $X \in \mathbb{R}^{N \times T \times d}$。由每个时间步长的数据集得到一个连通性图，因此存在一系列由张量$A \in \mathbb{R}^{N \times N \times T}$表示的邻接矩阵。Radflow由以下公式组成：

$$\hat{Q}^t = f_{res,\ Q} \cdot F_{LSTM}(X) \hat{U}^t = f_{attn} \cdot f_{LSTM}(X) \tag{5.31}$$

$$\hat{X}^t = f_{FC,\ recurrent}\left(\hat{Q}^t\right) + f_{FC,\ graph}\left(\hat{U}^t\right) \tag{5.32}$$

在时间步长为t时，预测$\hat{X}^t$是2个变量$\hat{Q}^t$和$\hat{U}^t$的和，它们分别由循环分量和图分量计算，见式（5.31）。这2个组件都利用了残差模块和LSTM模型。图形组件采用基于图形注意力机制和一般注意力机制的额外注意力模块。详细的公式可以在5.9.2节中找到。

Radflow学习依赖于时间步长的节点嵌入，并使用它们进行可解释的预测和插补。利用图的连通性信息选择相邻节点进行各节点的注意力计算，而不需要创建可训练的参数覆盖图，对基于GCN的方法来说，具有相对轻量化、可扩展和快速的特点。

TStream[316] 以持续学习的方式适应GNN模型，是快速学习扩展的演化网络模式。在$\Delta N_t \ll N_t$假设下，TStream利用詹森香农散度（Jensen Shannon Divergence，JSD）来度量相邻时间步长中2个导出的隐态分布之间的相似性。那些具有高JSD分数的节点被认为具有剧烈的变化，并与新添加的节点一起更新。为了避免遗忘历史观测数据，采用了信息重放法和参数平滑法。

LRGCN[288] 针对时间演化图中的路径分类问题，可以预测现实世界中可能出现的路径故障，如交通网络或电信网络中的路径故障。其预测是基于路径嵌入的，路径嵌入是路径上所有节点嵌入的聚合（通过LSTM和注意层）。Z-GCNET[315]提出了一种时间感知的持久同调表示学习GCN方法来捕捉数据中的拓扑特征，并将该方法用于流量预测和加密货币价格预测。在ESG[321]中，不断发展的图结构随兴趣的时间尺度而变化，所提出的模型为每个时间尺度学习了一个不同的图。总之，演化图模型比其他模型更复杂，因为它需要建立动态图结构模型，以及时间序列和节点关系的动态性。通常从数据集中给出或派生出一系列的图，其中一个关键的挑战是在没有参数爆炸的情况下处理这些图。

5.4.2 图注意力神经网络

在图时间序列模型中引入注意力机制，有助于建立节点之间和时间步长之间的相互依赖模型。我们把使用任何注意力机制的图时间序列模型称为图注意神经网络（Graph Attention Neural Networks，GANN）。我们讨论了3种注意类型：空间/图（Spatial/Graph）注意力、时间（Temporal）注意力和一般（General）注意力。大多数GANN模型利用了图的注意力，它可以看作是空间图和语义图的特殊组合。由于注意力机制的重要性，我们将在本节讨论GANN模型。根据预测任务和异常检测任务，我们进一步将GANN模型分类，见表5-2。

表5-2 GANN模型的属性比较

类别	模型	注意力类型			任务		
		Spatial/Graph	Temporal	General	分类	回归	异常检测
用于预测的注意力	GaAN[323]	✔			✔	✔	
	Cola-GNN[328]	✔				✔	
	ASTGCN[330]	✔	✔			✔	
	STAG-GCN[329]	✔	✔	✔		✔	
	STGNN[325]	✔		✔		✔	
	StemGNN[276]	✔		✔		✔	

续表

类别	模型	注意力类型			任务		
		Spatial/Graph	Temporal	General	分类	回归	异常检测
用于预测的注意力	Radflow [318]	✔				✔	
	ST-GRAT [331]	✔	✔	✔		✔	
	THGNN [332]		✔	✔	✔		
用于异常检测的注意力	MTAD-GAT [284]	✔					✔
	GDN [283]	✔					✔
	GReLeN [333]			✔			✔
	FuSAGNet [334]	✔					✔

①用于预测的注意力（Attention for Forecasting）。我们讨论了使用图注意力进行时间序列预测的以下模型：GaAN、Cola-GNN、ASTGCN、STAG-GCN、STGNN和StemGNN。

GaAN [323] 利用一个卷积子网络来控制注意力机制中的每个头的重要性。GaAN添加了一个具有门控特性的图聚合器，这与GAT模型中的式（5.17）不同：

$$H_i' = f_{FC}\left(H_i \middle\| \left[\prod_{k=1}^{K} w_i^k \sum_{j\in\Gamma_i} \alpha_{ij}^k W^k H_j\right]\right) \tag{5.33}$$

$$w_i = \left[w_i^1,\ w_i^2,\ \cdots,\ w_i^k\right] = \mathcal{G}_{pool}\left(H_i,\ H_{\Gamma_i}\right) \tag{5.34}$$

该模型既可用于分类，也可用于预测。当用于时间序列预测时，GaAN可以看作是GCRN的一个变体，其图像分量被GaAN结构所取代，而LSTM分量被保留。Cola-GNN以成对的方式利用图形注意力机制进行流感样疾病预测。ASTGCN [324] 融合了图注意力层和时间注意力层的不同模块。STAG-GCN [325] 是一种自适应门限GCN交通预测方法。GCN利用基于距离的空间图和基于时间序列之间DTW距离的语义图。GCN还采用了一种通用的注意力机制进行时间建模。类似地，STGNN [326] 和StemGNN [276] 采用一般注意力机制，在其空间分量中加入状态。这些预测模型大多针对回归任务，然而也有用于分类任务的，如THGNN[332]通过对股票序列的图注意力和一般注意力的图形结构学习来预测股票预测运动的方向。

②用于异常检测的注意力（Attention for Anomaly Detection）。MTAD-GAT、GDN和GReLeN都是针对时间序列异常检测任务而设计的模型。

MTAD-GAT利用GAT模型来决定是否存在时间节点水平异常。给定时序数据$X \in \mathbb{R}^{1 \times T \times d}$，MTAD-GAT模型由以下公式描述：

$$H_d = f_{GAT,\ d}(X) \qquad H_T = f_{GAT,\ T}(X) \qquad \tilde{X} = Norm_{min-max}(X) \tag{5.35}$$

$$H = f_{GRU}\left(\left[H_d,\ H_T,\ \hat{X}\right]\right) \tag{5.36}$$

MTAD-GAT是一种从2个角度利用GAT的自监督方法：a.通过将每个特征维作为节点，使用GAT模型提取特征之间的关系并导出H_d；b.通过将每个时间步长作为节点，使用另一个GAT模型捕获时间步长之间的关系，并导出H_T。面向特征的GAT和面向时间的GAT与归一化数据融合，见式（5.35）。一个GRU结构被用来捕获长时间依赖关系，并导出最终的隐状态$H \in \mathbb{R}^{T \times d_{hid}}$，见式（5.36）。最后，将$H$分别反馈给完全连通网络和VAE网络，得到预测损失和重构损失。

GDN也是一个点水平的多变量时间序列异常检测模型，它描述了一个GAT模型聚合每个节点的$topk$邻近的信息。给定时序数据$X \in \mathbb{R}^{N \times T \times d}$，让$H_{emb} \in \mathbb{R}^{N \times d_{emb}}$表示初始节点嵌入，GDN模型由以下方程描述：

$$A = ReLU\left(sgn\left(topk\left(H_{emb}H_{emb}^T\right)\right)\right) \tag{5.37}$$

$$H_i^t = ReLU\left(\sum_{j \in \Gamma(i) \cup \{i\}} \alpha_{ij} f_{FC}\left(X_j^t\right)\right) \tag{5.38}$$

$$\hat{X}^t = f_{FCs}\left(\| H_{emb,\ i} \odot H_i^t\right) \tag{5.39}$$

其中，二进制图是由节点嵌入构造的，并且通过选择式（5.37）中的$topk$邻近进行稀疏化。sgn是符号函数，在5.9.3节中定义。节点i在时间步长t的隐状态H_i^t通过基于注意力的邻域中节点嵌入的聚合来计算，见式（5.38）。其中，成对注意力分数α_{ij}通过以$\left[H_{emb,\ i},\ f_{FC}\left(X_j^t\right)\right]$作为输入向量用式（5.16）计算。最后，在嵌入 H_{emb} 和隐状态 H 之间计算元素乘法，然后将结果进行拼接，并通过完全连接的网络进行馈送，以推导二进制预测，见式（5.39）。

GDN中的节点嵌入具有三重功能：a.用于构造二进制连通性图；b.用于计算基本上表示节点之间语义接近度的成对注意力得分；c.用于最终的隐状态以进行预测。由于没有循环组件，GDN的优点是比基于RNN的图模型更轻量级。FuSAGNet通过为每个节点嵌入独特的建模时间过程，进一步提高了与GDN相比的异常检测性能，从而增强了模型的鲁棒性。

GReLeN利用变分自编码器（Variational Autoencoder，VAE）对节点间的依赖性进行建模，以检测数据中的异常值。GReLeN对时间特征进行广义编码，并利用Gumbel-Softmax分类重参数化方法生成VAE概率图。

③图组件的模型比较：图注意力。图注意力机制被用来计算节点间的成对注意力得分[335]。GAT中无须预先定义图结构，因为图结构基本上是通过图注意力来学习的。例如，MTAD-GAT利用GAT为时间序列异常检测构建了一个面向特征的图和一个面向时间的图。GDN同样利用GAT从相邻节点聚合节点特征以获得时间序列异常检测[283]。GAT有很多变体，如Cola-GNN基于已知的连通性信息为流感样疾病预测建立了类似GAT的结构[328]，AGNN[336]在计算注意力分数时使用余弦运算代替连接运算。

④时间注意力（Temporal Attention）和一般注意力（General Attention）。除了图注意力外，时间注意力和一般注意力也常用于图时间序列建模[337]，如图5-5所示。

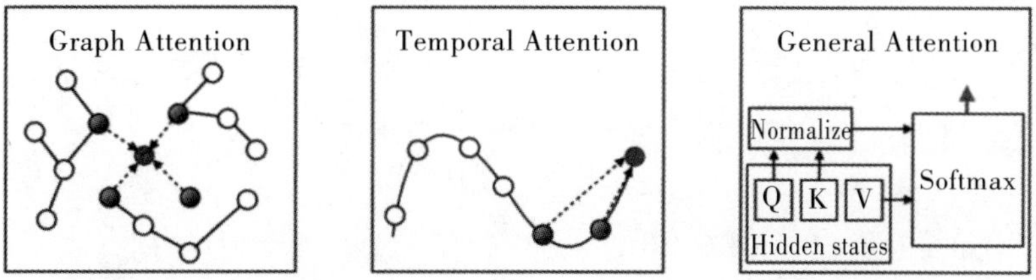

图5-5　3类注意力机制：图注意力、时间注意力和一般注意力

在序列-序列预测任务中使用RNN模型时，RNN模型在最后一个时间步之前的隐状态为 h^{t-1}，h^{t-2}，…，可能有助于提高预测性能。注意力机制最初被提出来的时候，其通过状态值乘以注意力得分，以平衡最新的隐状态和早期的隐状态[34]。我们把这种注意力类型称为序列建模，作为一种时间注意力机制，其方程如下：

$$z^t = a^T tanh\left(f_{FC}\left(h^t\right)\right)\alpha^t = f_{softmax}\left(z^t\right)h^{'t} = \sum_t \alpha^t z^t \tag{5.40}$$

其中，新的隐状态 $h^{'t}$ 合并了一系列隐状态，而不仅是最后一个状态。作为一个例子，LSTM-RGCN[338]采用了时间注意力机制的股票选择。

由于图时间序列模型是由空间分量和时间分量组成的，因此研究人员自然而然地利用图注意力进行图形建模，利用时间注意力进行时间序列建模。例如，ASTGCN[330]是结合了2种注意力机制的时空块。GMAN[339]呈现出2种注意力机制，并使用门控融合来整合所产生的状态。STHAN-SR[340]利用时间霍克斯注意力和超图注意力进行股票选择。

随着时间注意力机制的成功引入，人们提出了一般注意力，也称自注意力（self-attention），它将通过一个函数将一个Query和一组键值对（Key-Value Pairs）进行映射[290]。在这方面的工作中，有3个来自注意力嵌入的派生变量，它们分别代表Query、Key和Value状态，并且对这些状态应用了一种聚合方法。自注意力的形式是：

$$Q = f_{FC,\ Q}(H) \quad K = f_{FC,\ K}(H) \quad V = f_{FC,\ V}(H) \tag{5.41}$$

$$Attention = f_{softmax}\left(\frac{QK^T}{\sqrt{d_k}}\right)V \tag{5.42}$$

其中，Q、K、V分别为维数$\mathbb{R}^{N\times d_q}$、$\mathbb{R}^{N\times d_k}$、$\mathbb{R}^{N\times d_v}$。Radflow[313]通过对Query、Key和Value状态的不同聚合来适应一般注意力机制。STGNN利用图注意力和一般注意力进行流量预测[326]。ST-GRAT[329]则更进一步，包括3种类型的注意力。此外，注意力机制可被用于多模态学习，如将从图像、文本和历史销售中学习到的注意力分数融合进产品销售预测中[279]。另外，还有许多基于图注意力机制的其他类型[285]，如自注意力[288]和门控注意力[323]等。

5.5 表示组件

除了时间序列建模（时间分量）和图建模（空间分量）的角度外，我们注意到一些计算方法是常用的图时间序列模型。我们称这些方法为表征分量，它实际上转换了神经网络中的中间隐状态。我们讨论和分析的表示组件包括门控机制和跳跃连接。此外，我们还讨论在图时间序列模型的背景下模型的可解释性。

5.5.1 门控机制

门控神经元（Gated Neurons）作为激活或选择变量，以帮助非线性依赖性建模。从数据流的角度来看，门可以看作是数据转换[314]或数据融合[319][340]。为了进行变换，给定一个隐状态h，门变量g的每个元素通常保证在$[0,1]$的范围内，可以从它自身导出，然后元素智能地乘以它导出一个新的隐状态h'，以供使用：

$$g=\mathcal{G}(h)h'=g\odot h \tag{5.43}$$

函数$\mathcal{G}$可以从神经结构中任意选择，如密集层或卷积层[308][314]。为了融合的目的，假设我们试图融合2个隐状态h_1和h_2，一个简单的融合方法从一个隐状态（如h_1）导出一个门变量g，并使用它通过平衡2个隐状态之间的权重来导出一个新的隐状态h'：

$$g=\mathcal{G}(h_1)h'=g\odot h_1+(1-g)\odot h_2 \tag{5.44}$$

其中，融合门可以扩展到封装2个以上的隐状态作为输入[323]。变换和融合技术广泛应用于门控模型，如LSTM（见式（5.4）至式（5.6））和GRU（见式（5.9）至式（5.12））就是2个例子。由于LSTM和GRU都是门控模型，因此基于它们的任何模型也会利用门控机制，我们称这种门控机制为时间门控机制，这是因为门控控制时间维度[313]。

许多图时间序列模型也使用图门控机制。例如，STAG-GCN[320]通过融合门整合了自适应图，Cola-GNN[328]将连通性图与注意力图融合在一起，FCGAGA[312]利用门控机制进行时间序列和图建模。图门控机制可以进一步与注意力机制相适应[323][342]。

5.5.2 跳跃连接

跳跃连接（Skip Connections）越来越多地用于深层神经网络[321][342][343]。跳跃连接是将浅层输入连接到深层输入并产生残差模块的一种快捷方式。事实证明，这种连接在保留有用特征方面是有效的，并通常会带来更好的性能[322]。跳跃连接也广泛应用于图时间序列模型。例如，ST-GRAT[329]和STFGNN[314]使用跳跃连接对每个时空层之后的转换状态进行求和。ASTGCN[324]和Radflow[313]堆叠多个时空块，并在每个块之前和之后的特征使用跳跃连接。Graph WaveNet[309]和MTGNN[277]利用跳跃连接实现保留有用特征并提高模型的性能。StemGNN[276]研究跳跃连接的影响，并验证跳跃连接有助于提高预测的准确性。ESG[321]还通过跳跃连接来连接每个模块的学习图。

5.5.3 模型可解释性

模型可解释性（Model Interpretability）的研究对于理解模型结果非常重要，特别是对于临床分析等应用[274][344]。为此，研究人员提出了不同的方法，包括掩蔽方法[278]、基于显著性的方法[254]和时间序列上的离散表示学习方法[255]。预测也可以用图的学习子结构来解释[347]。在一些模型中，节点嵌入和节点之间的注意力得分由神经网络学习，并且通过学习嵌入的可视化来解释[283][288][330][331]。然而，可解释性可以通过组件的不同组合来实现[279][318][323]。例如，我们可以通过丢弃时间分量来评估时间分量的贡献，然后测量性能下降的程度[345][346][347]。GaAN[323]通过比较有和没有相应分量的实验来研究注意力和门控机制的有效性。

5.6 应用和数据集

图时间序列模型的应用范围广泛，从城市交通规划[309][316][319][323][329]和犯罪预测[324]到3D点动作感应[348]和流行病学建模[328]，以及许多其他现实世界的应用[284][313][315][339]。在本节中，我们首先比较选定的回归模型在2个广泛使用的数据集METR-LA和PEMS-BAY[307]上的预测性能。此外，我们使用2个水处理数据集SWAT和WADI对选定的异常检测模型进行了比较，并讨论相关模型是如何处理嵌入在时间序列或图结构中的独特的数据不规则性。我们在5.9节中为代表性的数据集提供了一个表格。

5.6.1 回归模型在交通预测中的性能比较

交通优化是交通决策者和研究者长期追求的目标。一个更有效率的交通方案成功的关键点之一是提前准确地了解道路上的交通情况，包括但不限于交通流量的大小、行驶速度，以及可能安排的活动。然后，预测被用来做出下游决策，如建议更快的路线或帮助城市建设规划者了解交通瓶颈，从而改善它们。多个位置的连续值（如交通量、速度等）提供了时序数据。同时，地理分布的位置提供了图的距离关系。

METR-LA和PEMS-BAY[307]是2个广泛使用的交通数据集，用于预测性能评估。它们的数据统计信息列于5.9.4节中。表5-3显示了在关于指标MAE、RMSE和MAPE的各种图时间序列模型之前的3、6和12个步骤的预测性能，从最差模型到最好模型的大致顺序（这些度量的公式见5.9.4节）。从表5-3中可知，DGSL在METR-LA数据集的所有预测水平上具有最好的性能，而STGNN在PEMS-BAY数据集中具有最好的性能。需要注意的是，在性能最好的模型中，MTGNN[277]、STGNN[326]和DGSL[311]使用提供的图结构来选择边，而不是使用模型中的地理距离值。这种区别表明，利用时态图和语义图有助于提高性能。此外，我们还注意到，根据数据集的不同，模型的性能略有不同。

5.6.2 水处理异常检测模型性能比较

检测水处理异常的能力对于确保水质控制至关重要。已经有许多图时间序列模型被提出来用于精确的异常检测，并且已经在2个公开的数

表5-3 图时间序列模型预测交通速度的比较

数据集	模型	提前3步			提前6步			提前12步		
		MAE	RMSE	MAPE	MAE	RMSE	MAPE	MAE	RMSE	MAPE
METR-LA	STGCN [308]	2.88	5.74	7.6%	3.47	7.24	9.6%	4.59	9.40	12.7%
	DCRNN [307]	2.77	5.38	7.3%	3.15	6.45	8.8%	3.60	7.59	10.5%
	FC-GAGA [312]	2.75	5.34	7.3%	3.10	6.30	8.6%	3.51	7.31	10.1%
	GaAN [323]	2.71	5.25	7.0%	3.12	6.36	8.6%	3.64	7.65	10.6%
	Graph WaveNet [309]	2.69	5.25	6.9%	3.07	6.22	8.4%	3.54	7.37	10.0%
	MTGNN [267]	2.69	5.18	6.9%	3.05	6.17	8.2%	3.49	7.23	9.9%
	ST-GRAT [329]	2.60	5.07	6.6%	3.01	6.21	8.2%	3.49	7.42	10.0%
	StemGNN [276]	2.56	5.66	6.5%	3.01	6.03	8.2%	3.43	7.23	9.6%
	STGNN [326]	2.62	4.99	6.6%	2.98	5.88	7.8%	3.49	6.94	9.7%
	DGSL [311]	2.39	4.11	6.0%	2.65	5.06	7.0%	2.99	5.85	8.3%
PEMS-BAY	DCRNN [307]	1.38	2.95	2.9%	1.74	3.97	3.9%	2.07	4.74	4.9%
	STGCN [308]	1.36	2.96	2.9%	1.81	4.27	4.2%	2.49	5.69	5.8%
	FC-GAGA [312]	1.36	2.86	2.9%	1.68	3.80	3.8%	1.97	4.52	4.7%
	MTGNN [277]	1.32	2.79	2.8%	1.65	3.74	3.7%	1.94	4.49	4.5%
	Graph WaveNet [309]	1.30	2.74	2.7%	1.63	3.70	3.7%	1.95	4.52	4.6%
	ST-GRAT [329]	1.29	2.71	2.7%	1.61	3.69	3.6%	1.95	4.54	4.6%
	DGSL [311]	1.32	2.62	2.8%	1.64	3.41	3.7%	1.91	3.97	4.4%
	STGNN [326]	1.17	2.43	2.3%	1.46	3.27	3.1%	1.83	4.20	4.2%

据集上进行了评估，即SWAT和WADI[283]。这2个数据集都由来自水处理传感器的时序数据组成，并且在测试集中标记了异常。表5-4是模型在精度（Precision）、召回率（Recall）和F1方面的性能。很明显，不同的模型优先考虑不同的度量标准。例如，GDN和FuSAGNet在2个

数据集中都获得了最高和第二高的精度，而GReLeN则获得了最佳的召回性能。这种差异可能是由于GReLeN的图关系学习倾向于将负样本作为正样本进行预测，从而导致假正预测的增加。

表5-4 图时间序列模型在水处理异常检测中的比较

数据集	模型	精度（%）	召回率（%）	F1
SWAT	MTAD-GAT [284]	21.0	64.5	31.7
	GDN [283]	99.4	68.1	80.8
	FuSAGNet [331]	98.8	72.6	83.7
	GReLeN [330]	95.6	83.5	89.1
WADI	MTAD-GAT [284]	11.7	30.6	17.0
	GDN [283]	97.5	40.2	57.0
	FuSAGNet [331]	83.0	47.9	60.7
	GReLeN [330]	77.3	61.3	68.2

5.6.3 数据挑战

数据特征可能会给建模带来挑战。不规则时间序列的数据可以有不规则间隔时间间隔采样的时间序列或具有异常尖峰或下降的时间序列[349]。数据挑战的其他例子包括具有稀疏分类特征和密集数字特征的数据[350][351][352]。此外，图的不规则性也可能存在于图结构中。

①不规则时间序列（Irregular Time Series）。基于网页浏览次数或视频浏览次数构建的时间序列具有覆盖从零到数百万的大范围值，与通常在小范围内的流量速度值相反。为了预测不同尺度的时间序列，使用缩放的数据预处理和后处理阶段[313]。最小最大缩放和Z得分缩放是最常用的2种缩放方法。我们在5.9.3节中列出了它们的公式。

时序的异质性带来了另一个挑战。例如，盗窃或抢劫等不同类型的犯罪具有不同的时间序列模式和不断发展的相互依存关系。注意力机制或门控机制可以用来建立类型敏感模型和捕捉类型之间的相互关系。Han等[334]提出了一个类型感知嵌入层，以了解不同类型犯罪之间的相互影响。

②不规则图结构（Irregular Graph Structures）。在一些应用程序中，包括叫车预测和犯罪预测[334]，位置数据是根据地理坐标收集的，而不是预先选定的位置。在这种情况下，需要采用分区和聚合等网格映射策略来构造图。网格结构的数据可以用CNN建模，以捕获空间相关性[336]，或者进一步聚合以用图结构建模。此外，现实世界中的图可以是动态的，其中节点之间的交互可以随时间变化。有几种策略可以创建新的图或更新现有的图以反映动态。例如，STAG-GCN[325]利用了一个具有动态边权的自适应图。

5.6.4 其他应用和数据集

相关模型还用于家庭用电量分析，将家庭分为不同类型，使电力公司能够优化定价政策。一些预测模型可以通过测量预测值与实际值之间的偏差，很容易地扩展为异常检测模型。例如，可以转换交通网络预测模型来检测可能是道路事故后果的异常交通流。同样的任务也可以用不同的方法来处理。例如，Li 等[339]将隔夜股票价格变动预测作为一个二元分类问题，即一只股票是否在隔夜上涨或下跌。相比之下，另一个时空注意力模型[341]将股票选择任务表述为一个时间序列预测问题。

5.7 未来发展方向

尽管图时间序列模型发展迅速，但仍然存在挑战和未解决的问题。

① 可伸缩性。大规模数据的存在要求图时间序列模型具有可伸缩性。如果处理一个大图，那么需要做出决策，以保留必要的结构知识，并消除不太有用的。相关的策略包括抽样、池和其他。同样，当面对长序列时，模型应该选择具有影响力的时间值，而不是为了计算效率而消化所有值，这种想法也适用。

② 采用独特的考虑因素。未来的工作还需要适应不同数据集或目标的不同情况。一些考虑因素包括：第一，模拟时间序列中周期性和季节性的影响；第二，模拟长期和短期时间序列模式的影响；第三，模拟

图中局部和全局的影响；第四，模拟离群数据，如时间序列爆发和孤立节点等的影响。此外，设计可解释的模型以便对所考虑的建模进行定量理解，也是可取的。

③ 采用先进组件。时间序列模型和深度图模型的发展一直延伸到图时间序列模型的发展。例如，Transformer模型[290]既可以被越来越多地用于序列建模，也可以被集成到图时间序列模型中[325][353][354]。同样，最近的GNN也可以考虑[294][297]。此外，还可以对表征成分进行更深入的研究。

④ 对更多任务的更广泛应用。正如本章以及其他调查显示的，大多数图时间序列问题的目标都是和预测任务有关[355]。然而，图时间序列模型的力量并不局限于这个特定任务。图时间序列的研究领域已经成熟，未来在分类、推荐、表示学习和许多其他目标方面的潜力巨大。

5.8 本章小结

在本章，我们全面总结了近年来关于图时间序列建模这一统一主题的工作。我们将图时间序列模型分为图递归/卷积神经网络（Graph Recurrent/Convolutional Neural Networks，GRCNN）和图注意力神经网络（Graph Attention Neural Networks，GANN），并进一步将它们按照不同的组成部分进行分类。我们在每一类模型中都详细介绍了有代表性的模型，我们从时间、空间和表征的角度讨论和分析了这些模型及其组成部分，包括解释各种图的构造方法、图模型的局限性，以及广泛采用的注意力机制和门控机制。我们还讨论了现实世界中的应用程序和数据集，以及研究领域的未来方向。

5.9 本章附录

5.9.1 神经网络函数

激活函数是元素方面的非线性函数。常用的激活函数包括Sigmoid、

ReLU、LeakyReLU [356]、Tanh 和 GELU [357]。

$$\sigma(X)=\frac{1}{1+e^{-X}} \tag{5.45}$$

$$ReLU(X)=max(0,\ X) \tag{5.46}$$

$$LeakyReLU(X)=\begin{cases}X,\ x\geqslant 0\\ \mu X,\ x<0\end{cases} \tag{5.47}$$

$$GELU(X)=\frac{1}{2}X\left[1+erf\left(\frac{X}{\sqrt{2}}\right)\right] \tag{5.48}$$

$$tanh(X)=\frac{e^{X}-e^{-X}}{e^{X}+e^{-X}} \tag{5.49}$$

其中，$LeakyReLU(\cdot)$与预定义的小超参数μ一起使用。

矢量化（Vectorization）定义为将任何高维值转换为矢量的数学运算。给定张量$X\in\mathbb{R}^{d_1\times d_2\times\cdots\times d_m}$，矢量化表示为：

$$Vec(X)\in\mathbb{R}^{d_1\times d_2\times\cdots\times d_m\times 1} \tag{5.50}$$

Softmax 函数非线性地转换一组值。给定一个d值$X\in\mathbb{R}^{d}$的数组，通过以下方法计算第i个变换后的值：

$$f_{softmax}(x_i)=\frac{\exp(x_i)}{\sum_{j=1}^{d}\exp(x_i)} \tag{5.51}$$

定义一个关于参数权矩阵$W\in\mathbb{R}^{c_{in}\times c_{out}}$和参数偏向向量$b\in\mathbb{R}^{c_{out}}$的全连接层（Fully Connected Layer）或稠密层（Dense Layer）：

$$f_{FC_{W,b}}(X)=\sigma(XW+b) \tag{5.52}$$

不失一般性，$X\in\mathbb{R}^{c_1\times c_2\times\cdots\times c_m}$定义为$m$维张量。因此，将末维$c_{in}=c_m$的大小映射为$c_{out}$，得到$f_{FC_{W,b}}(X)\in\mathbb{R}^{c_1\times c_2\times\cdots\times c_{out}}$。当不包括偏置/截距$b$时，我们让$f_{FC_W}$表示该层。在实际应用中，当没有在最后一个维上应用完全连通层时，通过在应用密集层之前切换目标维和最后一个维，并在应用密集层之后切换它们的维序来重新组织张量维。为了简洁，我们从下标中删除W和b，如$f_{FC}(X)=f_{FC_{W,b}}(X)$或$f_{FC}(X)=f_{FC_W}(X)$，当上下文清楚明了时，需要一个稠密层来应用$X$的选定维数，我们在函数$f(\cdot)$下用下标表示。例如，当第一维被选择时，输入通道尺寸$c_{in}=c_i$被转换成具有上述描述的c_{out}，表示为$f_{FC_{W,b^{,i}}}(X)\in\mathbb{R}^{c_1\times c_2\times\cdots\times c_{i-1}\times c_{out}\times c_{i+1}\times c_{i+2}\times\cdots\times c_m}$。当$X$

是一个矩阵或向量时，这个计算也是适用的。此外，我们让$f_{FC_{*}}$表示一个完全连接堆叠多个密集层的网络。

嵌入层（Embedding Layer）将离散的单热向量$X \in \mathbb{R}^{N \times c_{in}}$映射到一个连续空间$\mathbb{R}^{N \times c_{out}}$。我们让$f_{EMB}(\cdot)$：$\mathbb{R}^{N \times c_{in}} \rightarrow \mathbb{R}^{N \times c_{out}}$表示嵌入层，根据任务特征可以以各种方式实现，如$f_{EMB}$在最简单的情况下可以是密集层。

一维卷积层（1D Convolutional Layer）采用滤波器，只选择输入神经元的一个特定子集来产生每个输出。给定一个输入向量$X \in \mathbb{R}^{d_{in}}$，卷积层是一个由$f_{CONV}$表示的函数，它映射到一个输出向量$X \in \mathbb{R}^{d_{out}}$：

$$f_{CONV}(x_i) = \sum_{j=0}^{d_{in}} W_{ij} \star x_j + b_i \tag{5.53}$$

其中，W和b都是参数，$\star$是信号处理主题中定义的互相关运算符。为了降低参数的复杂度，可以对卷积层进行扩张，使输入神经元之间保持间距。

5.9.2 图时间序列模型中的公式

本节列出了覆盖模型的详细方程。

①GCRN。按照传统的使用符号I、F和O来分别表示输入门、遗忘门和输出门的方法，GCRN可以用以下方程描述：

$$I^t = \sigma\left(f_{GCN,\ XI}(x^t) + f_{GCN,\ HI}(H^{t-1}) + W_{CI} \odot C^{t-1} + b_I\right) \tag{5.54}$$

$$F^t = \sigma\left(f_{GCN,\ XF}(x^t) + f_{GCN,\ HF}(H^{t-1}) + W_{CF} \odot C^{t-1} + b_F\right) \tag{5.55}$$

$$C^t = F^t \odot C^{t-1} + I^t \odot tanh\left(f_{GCN,\ XC}(x^t) + f_{GCN,\ HC}(H^{t-1}) + b_C\right) \tag{5.56}$$

$$O^t = \sigma\left(f_{GCN,\ XO}(x^t) + f_{GCN,\ HO}(H^{t-1}) + W_{CO} \odot C^t + b_O\right) \tag{5.57}$$

$$H^t = O^t \odot C^t \tag{5.58}$$

②FC-GAGA。首先，以给定级联状态Z作为输入，FC-GAGA中的残差模块$f_{res} = \hat{X}$用以下方程描述：

$$Z = \left[H_{emb} \left\| \frac{X}{\tilde{X}} \right\| G\right]^T \quad Z_0 = Z \quad \hat{Z}_b = 0 \quad Z_b = ReLU\left[Z_{b-1} - \hat{Z}_{b-1}\right] \tag{5.59}$$

$$H_b^1 = f_{FC,\ b_1}(Z_b) \qquad H_b^L = f_{FC,\ b_L}(H_b^{L-1}) \tag{5.60}$$

$$\hat{X}_b = f_{FC,\ b}(H_b^L) \qquad f_{res} = \hat{X} = \sum_{b=1}^{B} \hat{X}_b \tag{5.61}$$

然后，使用Z初始化式（5.59）中B剩余模块的输入，其中每个模块包含式（5.60）中的稠密层L。最后，预测结果是通过稠密层来聚合最后一层中每个模块的隐状态所得到的，见式（5.61）。

Radflow定义了一个前馈层，用$g_{FF}(\cdot)$表示：

$$g_{FF}(X)=f_{FC,\ FF2}\Big(\mathrm{GELU}\big(f_{FC,\ FF1}(X)\big)\Big) \tag{5.62}$$

残差模块和注意力模块由以下方程描述：

$$Z_1^t=f_{FC}(X^t)\quad H_b=f_{LSTM}(Z_b)\quad P_b^t=g_{FF,\ P}(H_b^t)\quad Z_b^t=Z_{b-1}^t-P_{b-1}^t \tag{5.63}$$

$$f_{res}:\begin{cases}\mathrm{Q}_b^t=g_{FF,\ q}(\mathrm{H}_b^t),\ \hat{\mathrm{Q}}^t=\sum\limits_{b=1}^{B}Q_b^t\\ \mathrm{U}_b^t=g_{FF,\ u}(\mathrm{H}_b^t),\ U^t=\sum\limits_{b=1}^{B}U_b^t\end{cases} \tag{5.64}$$

$$f_{attn}:\begin{cases}U_K^t=f_{FC,\ K}(U^t)\\ U_V^t=f_{FC,\ V}(U^t)\\ U_Q^t=f_{FC,\ Q}(U^t)\\ \lambda_j^t=\dfrac{exp\,(U_{j,\ Q}^t\cdot U_{j,\ K}^t)}{\sum\limits_{k\in\Gamma i}exp\,(U_{K,\ Q}^t\cdot U_{K,\ K}^t)}\\ \tilde{U}_i^t=GELU(\sum\limits_{j\in\Gamma i}\lambda_j^tU_{j,\ V}^t)\\ \hat{U}^t=f_{FC,\ E}(U^{t-1})+f_{FC,\ N}(\tilde{U}^t)\end{cases} \tag{5.65}$$

$$\hat{Q}^t=f_{res,\ Q}\cdot f_{LSTM}(\mathrm{X})\qquad \hat{U}^t=f_{attn}\cdot f_{res,\ U}\cdot f_{LSTM}(X) \tag{5.66}$$

$$\hat{X}^t=f_{FC,\ recurrent}(\hat{Q}^t)+f_{FC,\ graph}(\hat{U}^t) \tag{5.67}$$

循环分量（Recurrent Component）中的隐状态$\hat{Q}^t$用式（5.64）中描述的残差模块计算，仅依赖于时序数据。而图组件中的隐状态$\hat{U}^t$除了使用LSTM模型和神经模块聚合之外，还提供了从每个节点的邻近聚集节点嵌入的注意力机制，见式（5.65）。

5.9.3 实验设置

（1）数据预处理（Data Preprocessing）

标准化技术被用于将大规模数据映射到[0, 1]或[-1, 1]的范围。给定时间序列x，最小-最大标准化（Min-Max Normalization）定义为：

$$\underset{min-max}{Norm}(x)=\frac{x-x_{min}}{x_{max}-x_{min}} \tag{5.68}$$

其中，x_{max}和x_{min}分别是时间序列中的最大值和最小值。

*Z-score*标准化（Z-score Normalization）定义为：

$$\underset{z-score}{Norm}(x)=\frac{x-\mu}{\sigma} \tag{5.69}$$

其中，μ和σ是时间序列的平均值和标准差。规范化可以扩展为矩阵格式的数据。

（2）基于距离的图构造（Distance-Based Graph Construction）

在给定的距离径向基核函数（Radial Basis Function，RBF）上应用邻接矩阵$A_{dist}\in\mathbb{R}^{N\times N}$，得到一个选定长度尺度为$l$的邻近矩阵$A$：

$$A_{ij}=exp\left(-\frac{A_{dist_{i,j}}^2}{l^2}\right) \tag{5.70}$$

（3）相似性/系数度量（Similarity/Coefficient Metrics）

DTW是时间序列之间的密切度量。给定2个长度为m和n的时间序列$x=\left[x_1, x_2, \cdots, x_m\right]$和$y=\left[y_1, y_2, \cdots, y_n\right]$，2个时间序列之间的DTW距离用$DTW(n, m)$表示，定义为：

$$DTW(i, j)=cost_{i,j}=min\big(DTW(i-1, j-1), DTW(i-1, j), DTW(i, j-1)\big) \tag{5.71}$$

其中，$cost_{i,j}$是x_i和y_j之间的距离，可以通过使用距离函数来确定，如绝对距离或平方距离。$DTW(i, 0)$和$DTW(0, j)$用零初始化。多种变体soft-DTW[358][359]给出了一种平滑的DTW公式，并用它作为分类任务的可微损失函数。

余弦相似性（Cosine Similarity）也用时间序列作为向量。给定2个相同长度的时间序列$x, y\in\mathbb{R}^T$，余弦相似性定义为：

$$\cos(\mathrm{x}, \mathrm{y})=\frac{\mathrm{x}\cdot\mathrm{y}}{\|\mathrm{x}\|\|\mathrm{y}\|} \tag{5.72}$$

（4）损失函数和度量（Loss Functions and Metrics）

对于分类任务，不失一般性，我们让TP、TN、FP和FN分别表示True Positive、True Negative、False Positive和False Negative，因此通常使用的指标如下：

$$Precision = \frac{TP}{TP + FP} \tag{5.73}$$

$$Recall = \frac{TP}{TP + FN} \qquad F1 = Recall = \frac{2Precision\ Recall}{Precision + Recall} \tag{5.74}$$

对于回归任务，我们用X，$\hat{X} \in \mathbb{R}^{c_1 \times c_2 \times \cdots \times c_m}$表示输入预测和预测张量损失度量。

$$MAE\left(X, \hat{X}\right) = \frac{1}{\prod_i c_i} \sum_{i1, i2, \cdots, im} \left| X_{i1, i2, \cdots, im} - \hat{X}_{i1, i2, \cdots, im} \right| \tag{5.75}$$

$$RMSE\left(X, \hat{X}\right) = \sqrt{\frac{1}{\prod_i c_i} \sum_{i1, i2, \cdots, im} (X_{i1, i2, \cdots, im} - \hat{X}_{i1, i2, \cdots, im})^2} \tag{5.76}$$

$$MAPE\left(X, \hat{X}\right)\frac{1}{\prod_i c_i} \sum_{i1, i2, \cdots, im} \left| \frac{X_{i1, i2, \cdots, im} - \hat{X}_{i1, i2, \cdots, im}}{X_{i1, i2, \cdots, im}} \right| \tag{5.77}$$

$$SMAPE\left(X, \hat{X}\right)\frac{1}{\prod_i c_i} \sum_{i1, i2, \cdots, im} \left| \frac{X_{i1, i2, \cdots, im} - \hat{X}_{i1, i2, \cdots, im}}{(\left| X_{i1, i2, \cdots, im} \right| + \left| \hat{X}_{i1, i2, \cdots, im} \right|)/2} \right| \tag{5.78}$$

当X是一个向量或矩阵时，这些指标仍然适用。

（5）其他函数

符号函数（Sign Function）定义为：

$$Sign(x)\begin{cases} 1, & x > 0 \\ 0, & x = 0 \\ -1, & x < 0 \end{cases} \tag{5.79}$$

概率密度函数（Probability Density Functions，PDF）如下：

$$Gumbel\left(x; \ \alpha, \beta\right) = \frac{1}{\beta} exp\left(\frac{x - \alpha}{\beta} - \exp\left(\frac{x - \alpha}{\beta}\right)\right) \tag{5.80}$$

$$Gumbel\left(x; \ 0, 1\right) = exp\left(x - \exp(x)\right) \tag{5.81}$$

5.9.4 公共资源：代码和数据

我们收集并呈现表5-5中的可用代码，表5-6、表5-7和表5-8分别描述了所选数据集的统计特性。所选择的模型和数据集并非全部，而是为了方便研究人员而总结的。

表5-5 **模型的代码资源**

模型	年份	链接
GCRN [306]	2016	https://github.com/youngjoo-epfl/gconvRNN
DCRNN [307]	2018	https://github.com/chnsh/DCRNN_PyTorch
GaAN [323]	2018	https://github.com/jennyzhang0215/GaAN
STGCN [308]	2018	https://github.com/hazdzz/STGCN
ASTGCN [324]	2019	https://github.com/wanhuaiyu/ASTGCN-r-pytorch
Grape WaveNet [309]	2019	https://github.com/nnzhan/Graph-WaveNet
LRGCN [288]	2019	https://github.com/chocolates/Predicting-Path-Failure-In-Time-Evolving-Graphs
COLA-GNN [328]	2020	https://github.com/amy-deng/colagnn
GMAN [340]	2020	https://github.com/zhengchuanpan/GMAN
MTAD-GAT [284]	2020	https://github.com/ML4ITS/mtad-gat-pytorch
MTGNN [277]	2020	https://github.com/nnzhan/MTGNN
STAG-GCN [324]	2020	https://github.com/RobinLu1209/STAG-GCN
STFGNN [314]	2020	https://github.com/MengzhangLI/STFGNN
ST-GRAT [329]	2020	https://github.com/LMissher/ST-GRAT
DGSL [311]	2021	https://github.com/chaoshangcs/GTS
FC-GAGA [312]	2021	https://github.com/boreshkinai/fc-gaga
GDN [283]	2021	https://github.com/d-ailin/GDN
Radflow [313]	2021	https://github.com/alasdairtran/radflow
STGNN [326]	2021	https://github.com/jwwthu/GNN4Traffic
TrafficStream [316]	2021	https://github.com/AprLie/TrafficStream
Z-GCNET [315]	2021	https://github.com/Z-GCNETs/Z-GCNETs
GRIN [318]	2022	https://github.com/Graph-Machine-Learning-Group/grin

续表

模型	年份	链接
RGSL [319]	2022	https：//github.com/ant-research/RGSL
GANF [320]	2022	https：//github.com/EnyanDai/GANF
THGNN [332]	2022	https：//github.com/charliescc/alpha

表5-6 **用于分类的选定数据集的统计属性**

来源	数据集数量	时间序列的个数	特征的个数	长度	类别
UEA [360]	30	27~50k	2~1.3k	8~18k	2~39
UCI [361]	88	58~63M	4~2M	—	—
UCR [15]	128	40~16k	—	60~2.7k	2~60

表5-7 **用于回归的选定数据集的统计属性**

应用	数据集	时间序列的个数	长度
速度	METR-LA [307]	207	6.5M
	PEMS-BAY [307]	325	17k
	Xiamen [340]	95	52.7k
出租	Shenzhen [310]	156	3k
	DiDi [325]	1.3k	17.2k
能源	Solar [310]	137	52.5k
	Electricity [310]	421	26.3k
	PMU [311]	42	8.6k
货币	Exchange [311]	8	7.6k
	Stock [339]	498	18k
流感	Japan-Prefecture [328]	49	348
	US-States [328]	49	785

续表

应用	数据集	时间序列的个数	长度
流感	US-Regions [328]	10	360
大规模	Music [313]	60.7k	63
	Wiki [313]	366.8k	1827

表5-8　**用于异常检测的选定数据集的统计属性**

数据集	时间序列的个数	特征的个数	长度	异常占比（%）
SWaT [283]	50	1	95k	11.97
WADI [283]	112	1	122k	5.99
SMAP [284]	25	1	561k	13.13
MSL [284]	55	1	132k	10.27

6 一种用于多元时间序列预测的图学习模型

6.1 引言

多元时间序列预测在经济、地理、交通等众多领域都有着广泛的应用[362]，该任务关键在于准确捕捉时序间的相互依赖关系和动态演化模式[363]。在过去几年中，用于时序预测的机器学习算法得到了快速发展[364]。深度学习方法由于具有较强捕获复杂模式和学习数据中非线性关系的能力，在多元时序预测上比传统机器学习方法表现出更好的性能[242]。时序数据的一个重要特征是它们在时间上存在相互依赖性，即样本不是独立分布的。例如，今天的股票价格可能受昨天的封板影响[365]。大多数基于机器学习和深度学习的多元时序预测方法，在训练时会将每个时序样本视为彼此独立的个体，忽略了样本之间的相互依赖关系，这严重影响了多元时序的预测效果[366]。

近年来，图神经网络（Graph Neural Networks，GNN）凭借对强大的依赖关系的处理能力，在时序建模方面受到越来越多的关注[367]。目前，大多数基于GNN的方法都是通过构建预定义图的方式来挖掘时序之间的隐藏信息和相互关系[368]。例如，MTGNN[277]是第一个对多元时序预测使用GNN结构的模型（之前的相关论文都是将GNN用于单变量时序预测的）。然而，MTGNN必须在预定义好的图上才能发挥良好的效果。但对于大多数的多元时间序列，它们并没有明确的图结构。一般来说，时序图中节点之间的关系通常需要由领域专家来确定，这可能会因其主观因素而不能对时序之间的潜在联系准确建模[369]。此外，预定义图的结构是固定的，并不适合用来描述时序之间的动态关系。虽然我们可以利用时序信息动态推断时序关系，但显然单独使用动态图或者静态图不足以全面描述时序之间的关系[370]。

综上所述，构建基于GNN的多元时序预测模型需解决以下关键问题：第一，如何同时捕捉时序之间存在的静态关系和动态关系，减少人为主观因素对图结构的影响；第二，如何对静态关系和动态关系的信息进行融合。

针对上述问题，本章提出一种用于多元时间序列预测的图神经网络（Graph Neural Networks for Multivariate Time Series，MTSGNN）模型，其整体框架如图6-1所示。在MTSGNN中，我们首先建立一个图学习模块，采用数据驱动的方式，通过学习时序的静态图和动态图，自动发现并捕获时序数据中的静态和动态依赖关系。其次，在图交互模块中完成静态信息与动态信息的交互，使得2个图的结构信息相互收敛。通过卷积运算分别提取静态图和动态图上的空间特征并拼接起来。最后，利用多层感知机（Multi-Layer Perceptron，MLP）对多元时间序列进行预测。本章的主要贡献如下：

① 提出一个图学习模块，同时获取时序之间的动态和静态关系；

② 提出一种图交互模块，实现静态图和动态图结构信息交互；

③ 实验结果表明，本章提出的MTSGNN模型在6个真实数据集上的评估指标都明显优于所有基线模型。

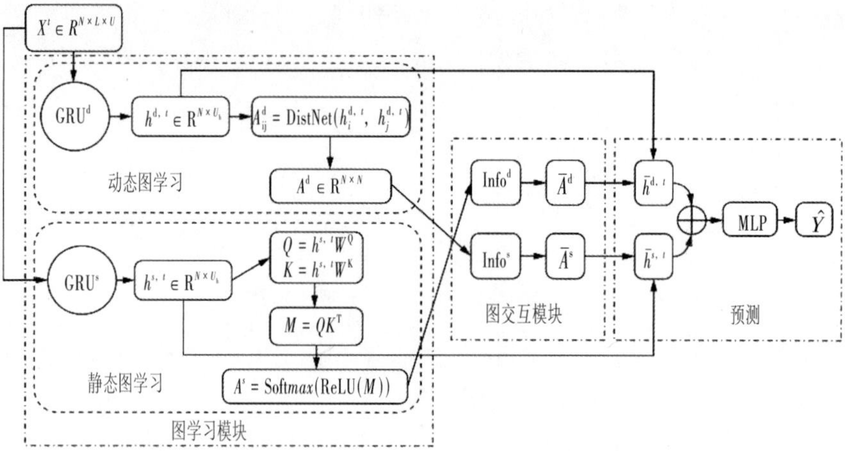

图 6-1 本章提出的模型 MTSGNN 的整体框架

6.2 相关工作

ARIMA[253] 是一种经典的处理时序数据的线性统计方法，但它不能很好地捕获时序数据中的非线性关系。虽然高斯过程[371]（Gaussian Process，GP）对平稳过程进行了强有力的假设，但不能很好地扩展到多元时序数据。传统的基于神经网络的时序预测方法大多采用循环神经网络（Recurrent Neural Networks，RNN）、卷积神经网络（Convolutional Neural Networks，CNN）及其变体来学习历史数据中的潜在特征，它们具有较好的处理高维数据的能力，但存在计算成本较高、难以学习长时依赖关系等缺点[372]。此外，传统方法一般在处理每个时序样本时都是独立进行的，这必然会忽略时序之间的内在联系，导致预测效果不佳[373]。另外，注意力机制因具有自适应学习特征权重的能力，也常被用于时序建模。然而，它通常将时间和空间相关性分开建模，不能充分利用时序数据中存在的依赖关系[231]。

图神经网络（Graph Neural Networks，GNN）是一类能对数据之间相互作用有效建模的模型，但大多数用于时序预测的 GNN 模型都假设已经存在一个关系明确的预定义图[374]。例如，Feng 等[375] 利用多视图卷积网络对多种类型的时序关系图编码，并通过学习复杂的网络关系对时序数据进行准确预测。Mas[376]利用股票价格的相关性构建时变股票关系图，并提出一种基于混合注意力的图神经网络来预测股票价格走势。然而，预定义的静态网络无法模拟关系演化的动态模式，并可能会忽略对有效决策至关重要的隐藏交互信息。同时，上述方法的性能在很大程度上依赖于先验图的质量[377]。为此一些学者尝试利用历史时序信息对动态时序关系建模，从数据中发现最优的图结构。例如，EvolveGCN[378]无须借助节点嵌入，仅通过使用递归神经网络演化图卷积网络（Graph Convolutional Network，GCN）参数的方式捕获图序列中的动态性。MGAT[379]和FinGAT[380]基于图注意力网络（Graph Attention Network，GAT）[305]推导时序数据中潜在的动态依赖关系。Z-GCNETs[315]提出一种时间感知的GCN模型，以跟踪数据的空间依赖关系，从而更好地对交通流量和比特币价格进行预测。

综上所述，时序数据中常常同时存在静态和动态信息，而现有方法大多通过单独使用动态图或预定义的静态图来对时序数据建模，不足以全面描述时序之间复杂的依赖关系[301]。因此，本章提出一种具有静态和动态表示的图神经网络模型，用于多元时序预测。该模型首先通过图学习模块分别提取时序数据的静态和动态信息，然后利用信息交互以及卷积运算，挖掘不同时序之间的空间信息和内在联系，最后实现对多元时序数据的准确预测。

6.3 模型介绍

$X^t=\{X_1^t, X_2^t, \cdots, X_N^t\}\in\mathbb{R}^{N\times L\times U}$是每个样本$X_i^t$在$t$时刻所有历史序列数据的集合。其中，$N$是样本量，$L$是历史序列的长度（$t$的大小），$U$是特征的数量，每个样本$X_i^t$在$t$时刻的输出$y_i^t\in\mathbb{R}$。

多元时间序列预测分为单步预测和多步预测。给定历史时序数据X^t，对每个样本X_i^t来说，单步预测是指预测其在未来l个时间步长（Time Step）后的单个观测值$Y_i=y_i^{t+l}\in\mathbb{R}$；多步预测是指预测其未来从$t+1$到$t+l$时刻，$l$个时间步长的观测序列$Y_i=$

$\{y_i^{t+1}, y_i^{t+2}, \cdots, y_i^{t+l}\} \in \mathbb{R}^l$。

6.3.1 图学习模块

①门控循环单元。长短期记忆（Long Short-Term Memory，LSTM）网络和门控循环单元（Gated Recurrent Unit，GRU）在捕捉长序列语义关联时，都能有效抑制传统RNN中存在的梯度消失或梯度爆炸问题，并且相对于LSTM，GRU参数量更少，训练速度更快，更适用于构建较大的网络[381]。因此，我们使用GRU对时序的历史数据编码。

给定历史序列 $X_i^t = \left\{x_i^{t-L+1}, \cdots, x_i^t\right\}$，图学习模块中使用单层 GRU^d 和 GRU^s 提取 X_i^t 的特征 h_i^{dt} 和 h_i^{st}，分别作为动态图学习和静态图学习的输入：

$$h_i^{dt} = GRU^d(h_i^{t-1}, x_i^t) \tag{6.1}$$

$$h_i^{st} = GRU^s(h_i^{t-1}, x_i^t) \tag{6.2}$$

其中，GRU^d 和 GRU^s 隐藏单元的数量都为 U_h。h_i^{dt}，$h_i^{st} \in \mathbb{R}^{U_h}$ 是模型输入序列 X_i^t 的隐状态，d 和 t 分别表示动态图和静态图。

②静态图学习。基于GNN的多元时序预测方法一般需要利用人类知识预先定义图的结构[382]。但在更一般的时序预测任务中，因先验知识是匮乏的，很难预定义一个较为合理的静态图结构以描绘时序之间潜在的相关性[276]。为了解决该问题，我们仅基于注意力机制，以数据驱动的方式自动学习特定任务在不同时序样本间的潜在相关性，并推断出每对节点之间的依赖关系，即静态图的邻接矩阵 A^s。计算过程见式（6.3）至式（6.6）：

$$Q = h^{st} W^Q \tag{6.3}$$

$$K = h^{st} W^K \tag{6.4}$$

$$M = QK^T \tag{6.5}$$

$$A^s = Softmax\big(ReLU(M)\big) \tag{6.6}$$

其中，$h^{st} = \left\{h_1^{st}, \cdots, h_N^{st}\right\} \in \mathbb{R}^{N \times U_h}$；$W^Q$，$W^K \in \mathbb{R}^{U_h \times U_h}$ 都是可学习的参数，Q，$K \in \mathbb{R}^{N \times U_h}$ 分别是注意力机制中的Query和Key[383]，作用是通过加权处理自发地找到特征间的关系。式（6.5）用于计算不同时序样本（节点）间的潜在相关性。式（6.6）用于计算静态图的邻接矩阵

$A^s \in \mathbb{R}^{N\times N}$，函数$ReLU(\cdot)$用于消除矩阵$M$中的负连接，以增加邻接矩阵的稀疏性；$Softmax(\cdot)$对所得矩阵的每一行进行归一化，以保留数据之间的相对大小关系。

由于所学习到的图的平滑性和稀疏性对预测结果有重要影响[290]，因此在损失函数中引入式（6.7）的图正则化（Graph Regularization，GR）项，并将其用于成对的输入，以控制静态图的学习方向和质量。给定输入h_i^{st}，$h_j^{st} \in \mathbb{R}^{U_h}$，GR的计算公式为：

$$L_{GR} = \sum_{i,j=1}^{N} \left\| h_i^{st} - h_j^{st} \right\|_2^2 A^s + \gamma \left\| A^s \right\|_F^2 \tag{6.7}$$

式（6.7）中的第1项在于迫使相邻节点具有相似的特征，从而增强与节点A_{ij}^s相关联的图信号的平滑性；第2项中的$\left\| A^s \right\|_F^2$表示矩阵A^s的Frobenius范数，用于控制A^s的稀疏性。γ的作用是平衡上述平滑性和稀疏性。

③动态图学习。静态图A^s只能得出每个时序样本（节点）之间的相互关联性，并不能得出它们相互之间关联的时间先后顺序，即静态图A^s无法描述时序之间的动态关系。很明显，节点间的每条边的权重应该是不一样的，这个权重的大小和时间有很大的关系。因此，我们利用每个时序样本的隐状态h_i^{dt}，并通过式（6.8）计算出不同时间点的时序样本之间的动态关联强度矩阵$A^d \in \mathbb{R}^{N\times N}$，来捕捉不同时序样本特征$h_i^{dt}$之间的动态关系：

$$A_{ij}^d = DistNet(h_i^{dt}, h_j^{dt}) = \frac{h_i^{dt} \cdot h_j^{dt}}{\left\| h_i^{dt} \right\| \cdot \left\| h_j^{dt} \right\|} \tag{6.8}$$

其中，$h_i^{dt} \in \mathbb{R}^{U_h}$由式（6.1）计算得出，$\|\cdot\|$是欧几里得范数，$DistNet(\cdot)$是距离网络，$A_{ij}^d$是$h_i^{dt}$与$h_j^{dt}$的相关强度，若第$t$时刻$S_i$和$S_j$的历史时序越相似，则$A_{ij}^d$的值越大。

6.3.2 图交互模块

本章通过图交互模块对图学习模块中学习到的静态和动态信息进行融合，获得数据中更全面、更准确和更实用的信息。对用于时序预测的图学习模型来说，图中每个节点的未来信息既取决于其邻近节点的数量，也取决于其每个邻近节点的历史信息[309]。因此，图交互模块中的信息融合应该使得每个节点都能从其更重要的邻近节点获得更多的信息。考虑到静态图的结构是固定的，而动态图的结构是可变的，因此利用式（6.9）计算动态图中不同节点间的相关信息，并以此对静态图不同节点间连接强度（边权重）进行调整，从而在静态图结构不变的情况下，达到信息交互的目的。动态图中不同节点之间的连接是可以动态变化的，并受到重要邻近节点的影响，因此我们根据静态图排名前 k 位的节点，更新动态图里不同节点间的连接强度。

首先，利用式（6.9），即 $Softmax(\cdot)$ 函数对动态图的邻接矩阵 A_i^d 中的第 i 行归一化，利用式（6.11）对静态图 A^s 中节点 S_i 到 S_j 的相关强度进行更新：如果 A^d 中节点 S_i 到 S_j 相关性越弱，归一化后的数值就越接近于0，则静态图 A^s 中 S_i 到 S_j 更新后的连接强度就越弱。其次，利用式（6.10）计算 A_i^s 中第 i 行的信息，利用式（6.12）修改动态图 A^d 上的边：如果 A^s 中节点 S_i 到 S_j 的相关强度和 S_i 与其所有相邻节点的相关强度相比，不能排在前 k 位，则将 A^d 中 S_i 到 S_j 的边删除。具体计算过程见式（6.9）至式（6.12）：

$$Info_{ij}^s = Softmax\left(A_i^d\right) = \frac{exp\left(A_{ij}^d\right)}{\sum_{j=0}^{N} A_{ij}^d} \tag{6.9}$$

$$Info_i^d = where\left(A_i^d - \min\left(topk\left(A_i^s\right)\right),\ 1,\ 0\right) \tag{6.10}$$

$$\overline{A^s} = A^s \odot Info^s \tag{6.11}$$

$$\overline{A^d} = A^d \odot Info^d \tag{6.12}$$

其中，函数 $where(C,\ 1,\ 0)$ 的输出是一个矩阵：如果矩阵 C 中的元素 C_{ij} 大于0，则输出矩阵对应位置的值为1，否则为0；$topk(\cdot)$ 返回其输入向量中最大的前 k 个值；$min(\cdot)$ 返回其输入向量中值最小的元素；$\odot$ 表示按元素乘积。

6.3.3 时序预测

使用式（6.13）和式（6.14）中的卷积运算，将最初抽取的特征 h^{st} 和 h^{dt} 与现有的节点信息 $\overline{A^s}\,h^{st}$ 和 $\overline{A^d}\,h^{dt}$ 相结合，提高静态图和动态图上节点信息的扩散能力，避免节点在信息传播过程中丢失自身独有的信息。

$$\overline{h^{st}} = W_1\left(\beta_1 h^{st} + \left(1 - \beta_1\right)\overline{A^s}\, h^{st}\right) + b_1 \tag{6.13}$$

$$\overline{h^{dt}} = W_2\left(\beta_2 h^{dt} + \left(1 - \beta_2\right)\overline{A^d}\, h^{dt}\right) + b_2 \tag{6.14}$$

其中，h^{st}，$h^{dt} \in \mathbb{R}^{N \times U_h}$分别是$GRU^s$和$GRU^d$的输出；$\beta_1$，$\beta_2 \in \mathbb{R}$是超参数；$W_1$，$W_2 \in \mathbb{R}^{N \times N}$是可学习的参数；$b_1$，$b_2 \in \mathbb{R}^{1 \times U_h}$是可学习的偏差。

在对多元时序进行预测时，先将$\overline{h^{dt}}$与$\overline{h^{st}}$拼接起来，然后使用只具有一个隐藏层和一个输出层的MLP对Y进行预测：

$$\hat{Y} = \left(ReLU\left(\left[\overline{h^d};\ \overline{h^s}\right]W_1' + b_1'\right)\right)W_2' + b_2' \tag{6.15}$$

其中，$W_1' \in \mathbb{R}^{2U_h \times U_h}$和$W_2' \in \mathbb{R}^{U_h \times n}$是MLP全连接层中可学习的参数；$b_1' \in \mathbb{R}^{1 \times U_h}$和$b_2' \in \mathbb{R}^{1 \times n}$是可学习的偏置；$n$是输出$\hat{Y}$的维度（单步预测中$n = 1$，多步预测中$n = l$）。

训练时，将Y_i和$\hat{Y}_i$之间的L_1损失和式（6.7）中的图正则化损失L_{GR}相结合，共同学习模型里的参数，即：

$$L_{loss} = \lambda L_{GR} + \sum_{i=1}^{l}\left|Y_i - \hat{Y}_i\right| \tag{6.16}$$

其中，λ是一个超参数。

6.4 实证研究

6.4.1 数据集

表6-1是在实验中使用的基准数据集的统计量：多步预测任务中使用公共交通数据集METR-LA和PEMS-BAY；单步预测中使用Traffic、Solar-Energy、Electricity和Exchange-Rate 4个数据集。

表6-1 基准数据集的统计量

任务	数据集	样本量	变量个数	时间间隔	序列长度	预测步长
多步预测	METR-LA	34 272	207	5分钟	12	12
	PEMS-BAY	52 116	325	5分钟	12	12

续表

任务	数据集	样本量	变量个数	时间间隔	序列长度	预测步长
单步预测	Traffic	17 544	862	1小时	168	1
	Solar-Energy	52 560	137	10分钟	168	1
	Electricity	26 304	321	1小时	168	1
	Exchange-Rate	7 588	8	1天	168	1

用于多步预测任务的数据集：我们按照Li等[307]的方式，将2个交通数据集按时间顺序分为训练集（70%）、验证集（20%）和测试集（10%）：

① METR-LA：该数据集来自洛杉矶大都会运输管理局，包含了2012年3月至2012年6月洛杉矶县高速公路上207个线圈检测器测量的平均交通速度。

② PEMS-BAY：该数据集来自加州运输机构，包含了2017年1月—5月旧金山湾区325个传感器测量的平均交通速度。

实验中，输入序列的长度为12，目标是同时预测未来一段时间（从$t+1$到$t+l$，共l个时间步长）的多个观测值（实验中，l的取值为12）。

用于单步预测任务的数据集：我们按照Lai等[230]的方式，将4个数据集按时间顺序分为训练集（60%）、验证集（20%）和测试集（20%）：

① Traffic：该数据集来自加州交通部，包含了旧金山湾区高速公路2015—2016年862个传感器测量的道路占用率。

② Solar-Energy：该数据集来自美国国家可再生能源实验室，包含了2007年阿拉巴马州137个光伏电站的太阳能发电量。

③ Electricity：该数据集来自加利福尼亚大学尔湾分校（University of California，Irvine，UCI）的机器学习存储库，包含了321个客户2012—2014年的用电量。

④ Exchange-Rate：该数据集包含了8个国家（澳大利亚、英国、加拿大、瑞士、中国、新西兰、新加坡和日本）1990—2016年的每日

汇率。

实验中，输入序列的长度为168，预测的时间范围（Horizon）是未来几个时间步长之后的单个观测值。实验中时间步长的取值为3、6、12和24，即对每个模型进行独立训练，预测未来3、6、12和24的时间步长下的单个观测值。

6.4.2 评估指标

在多步预测实验中，本章使用平均绝对误差（Mean Absolute Error，MAE）、平均绝对百分比误差（Mean Absolute Percentage Error，MAPE）和均方根误差（Root Mean Squared Error，RMSE）3个评价指标。在单步预测实验中，本章使用相对平方误差（Relative Squared Error，RSE）和经验相关系数（Empirical Correlation Coefficient，CORR）来衡量模型的预测性能。MAE、MAPE、RMSE和RSE的值越小，说明模型的效果越好；CORR的值越大，说明模型的效果越好。上述5个评估指标的计算公式见式（6.17）至式（6.21）。

$$MAE\left(Y, \hat{Y}\right) = \frac{1}{N}\sum_{i=1}^{N}\left|Y_i - \hat{Y}_i\right| \tag{6.17}$$

$$MAPE\left(Y, \hat{Y}\right) = \frac{1}{N}\sum_{i=1}^{N}\left|\frac{Y_i - \hat{Y}_i}{Y_i}\right| \times 100\% \tag{6.18}$$

$$RMSE\left(Y, \hat{Y}\right) = \sqrt{\frac{1}{N}\sum_{i=1}^{N}\left(Y_i - \hat{Y}_i\right)^2} \tag{6.19}$$

$$RSE\left(Y, \hat{Y}\right) = \frac{\sum_{i=1}^{N}\left(Y_i - \hat{Y}_i\right)^2}{\sum_{i=1}^{N}\left(Y_i - \overline{Y}\right)^2} \tag{6.20}$$

$$CORR\left(Y, \hat{Y}\right) = \frac{Cov\left(Y, \hat{Y}\right)}{\sqrt{Var[Y] \cdot Var\left[\hat{Y}\right]}} \tag{6.21}$$

其中，Y是真实值，$\overline{Y}$是平均真实值，$\hat{Y}$是预测值，N是样本数，$Cov(Y, \hat{Y})$是Y与$\hat{Y}$的协方差，$Var[Y]$是Y的方差，$Var\left[\hat{Y}\right]$是$\hat{Y}$的方差。

6.4.3 参数设置

所有模型均通过PyTorch框架实现，并使用Adam优化器（学习率为0.0004），同时利用网格搜索获得最优超参数。对于MTSGNN，GRU^d和GRU^s中隐藏单元的个数U_h的搜索范围为(32，64，128)；式（6.7）和式（6.16）中λ的搜索范围是[0，10]；式（6.10）中k的搜索范围是[4，100]；式（6.13）和式（6.14）中β_1和β_2的搜索范围是[0，0.8]。

6.4.4 基准模型

用于多步预测任务的基准模型：

①VAR[287]：一种用于捕捉交通序列之间相关性的模型。

②DSANet[384]：一种基于CNN网络和自注意力机制的预测模型。

③DCRNN[307]：一种包含图卷积的扩散卷积循环神经网络。

④STGCN[308]：一种时空图神经网络。

⑤ASTGCN[324]：整合了时间注意力和空间注意力的图神经网络。

⑥STSGCN[265]：通过堆叠多个局部图卷积层，能有效捕捉复杂局部时空相关性的时空图卷积网络。

⑦AGCNR[382]：通过节点嵌入捕获数据关联和节点特定模式的自适应GCN。

用于单步预测任务的基准模型：

①AR[263]：一种自回归模型，是经典的处理时序数据的统计方法。

②VAR-MLP[253]：一种基于多层感知机和自回归模型的混合模型。

③GP[371]：一种高斯过程时间序列模型。

④RNN-GRU[372]：一种具有全连接GRU隐藏单元的循环神经网络。

⑤LSTNet[264]：一种专门用于多元时间序列预测的深度学习网络。

⑥TPA-LSTM[230]：一种时间注意力长短期记忆网络，它不仅在同一时间步长内，还在之前的所有时间序列中，学习时序之间的相互依赖关系。

⑦MTGNN[277]：第一个专门针对多变量时序数据设计的通用GNN

框架。通过图学习模块自动提取变量间的单向关系，并通过混合跳传播层（MixHop Propagation Layer）和扩展初始层来捕获时序中的时空依赖关系。

⑧SDGL[369]：一种能同时学习时序数据中稳定长期模式和动态短期模式的GNN。

6.5 实验结果

多步预测任务（见表6-2）：第一，所有基于预定义图的GCN方法，预测效果优于基于自注意力的模型DSANet，这表明GCN模型更适用于交通时序预测；第二，基于图学习方法的模型AGCNR，其性能优于所有其他基于GCN的模型（原因可能是因为使用了预定义图）；第三，本章提出的MTSGNN模型进一步提升了基于图学习方法AGCNR的性能，证明了MTSGNN模型框架的有效性。

表6-2　　多步预测任务中所有模型的实验结果

模型	MAE		MAPE		RMSE	
	METR-LA	PEMS-BAY	METR-LA	PEMS-BAY	METR-LA	PEMS-BAY
VAR	3.60	2.07	4.90	10.50	4.74	27.60
DSANet	4.59	2.49	4.90	12.70	5.69	29.40
DCRNN	3.53	1.95	5.79	10.01	4.52	27.37
STGCN	3.59	2.20	4.63	10.63	5.06	27.11
ASTGCN	3.49	1.91	5.45	10.01	4.46	28.07
STSGCN	3.40	1.95	4.60	10.05	4.49	26.88
AGCNR	3.49	1.94	4.53	9.87	4.47	25.24
MTSGNN-S	3.10	1.89	4.38	9.25	4.37	21.85
MTSGNN-D	3.15	1.91	4.45	9.25	4.42	22.12
MTSGNN-GL	3.09	1.88	3.37	9.17	3.38	21.81
MTSGNN	3.05	1.75	4.01	8.72	4.02	20.72

单步预测任务（见表6-3）：第一，基于GNN的方法MTGNN，其预测效果优于其他基线方法，针对依赖关系，GNN具有更强的建模能力；第二，本章提出的MTSGNN模型进一步提高了MTGNN的性能，并在Solar-Energy和Electricity数据集上的RSE值相对其他基线模型都降低了3%以上，提升效果非常显著。MTSGNN模型在Traffic数据集上的预测效果略优于MTGNN模型，这是因为预测目标是道路占用率，其值以相对稳定的模式变化。

表6-3 单步预测任务中所有模型的实验结果

模型	Horizon	RSE				CORR			
		Exchange-Rate	Traffic	Electricity	Solar-Energy	Exchange-Rate	Traffic	Electricity	Solar-Energy
AR	3	0.023	0.606	0.091	0.244	0.976	0.785	0.887	0.971
	6	0.028	0.628	0.101	0.379	0.965	0.763	0.864	0.926
	12	0.035	0.628	0.112	0.591	0.954	0.763	0.853	0.811
	24	0.045	0.639	0.123	0.87	0.942	0.752	0.875	0.531
VAR-MLP	3	0.027	0.561	0.145	0.192	0.853	0.821	0.875	0.983
	6	0.039	0.663	0.167	0.268	0.875	0.775	0.842	0.966
	12	0.04	0.606	0.156	0.424	0.831	0.797	0.821	0.906
	24	0.057	0.628	0.134	0.684	0.777	0.785	0.862	0.715
GP	3	0.024	0.607	0.156	0.226	0.875	0.785	0.876	0.975
	6	0.027	0.685	0.189	0.329	0.821	0.741	0.831	0.945
	12	0.039	0.641	0.167	0.52	0.853	0.774	0.842	0.852
	24	0.058	0.607	0.132	0.797	0.831	0.796	0.886	0.597
RNN-GRU	3	0.019	0.549	0.112	0.193	0.986	0.853	0.864	0.982
	6	0.026	0.551	0.123	0.263	0.976	0.853	0.875	0.968
	12	0.041	0.561	0.134	0.416	0.953	0.842	0.853	0.915
	24	0.063	0.572	0.145	0.485	0.925	0.831	0.875	0.882

续表

模型	Horizon	RSE				CORR			
		Exchange-Rate	Traffic	Electricity	Solar-Energy	Exchange-Rate	Traffic	Electricity	Solar-Energy
LSTNet	3	0.023	0.482	0.086	0.184	0.976	0.875	0.932	0.984
	6	0.028	0.516	0.093	0.256	0.965	0.864	0.911	0.969
	12	0.036	0.493	0.112	0.325	0.954	0.853	0.901	0.947
	24	0.044	0.505	0.101	0.464	0.943	0.842	0.921	0.887
TPA-LSTM	3	0.019	0.459	0.082	0.18	0.987	0.886	0.943	0.985
	6	0.026	0.461	0.092	0.235	0.976	0.875	0.932	0.974
	12	0.036	0.471	0.096	0.323	0.965	0.886	0.921	0.949
	24	0.046	0.482	0.112	0.439	0.942	0.864	0.911	0.908
MTGNN	3	0.019	0.426	0.088	0.178	0.987	0.909	0.945	0.985
	6	0.026	0.471	0.091	0.235	0.977	0.875	0.943	0.973
	12	0.035	0.459	0.101	0.311	0.976	0.897	0.932	0.951
	24	0.046	0.461	0.112	0.427	0.954	0.886	0.943	0.903
SDGL	3	0.018	0.414	0.07	0.018	0.981	0.901	0.953	0.981
	6	0.025	0.448	0.081	0.025	0.973	0.883	0.945	0.973
	12	0.034	0.458	0.089	0.034	0.958	0.876	0.935	0.958
	24	0.046	0.457	0.094	0.046	0.94	0.877	0.93	0.94
MTSGNN	3	0.016	0.365	0.075	0.016	0.986	0.921	0.972	0.986
	6	0.023	0.415	0.079	0.023	0.982	0.942	0.961	0.982
	12	0.032	0.405	0.089	0.032	0.987	0.957	0.952	0.987
	24	0.041	0.415	0.089	0.041	0.965	0.943	0.963	0.965

图学习模块的影响：MTSGNN-D和MTSGNN-S都是MTSGNN的变体。其中，MTSGNN-D只利用图学习模块中的动态图学习进行多步预测，MTSGNN-S只用静态图学习进行多步预测。MTSGNN-S的评价指

标都略高于MTSGNN-D，这是因为静态图相对动态图运算速度会更快、性能更加高效。METR-LA和PEMS-BAY都是交通数据集，而交通图的结构通常变化不大，这也可能是只使用了静态图的MTSGNN-S比只使用了动态图的MTSGNN-D的预测效果好的原因。MTSGNN-D和MTSGNN-S的各个指标都低于完整模型MTSGNN，这也验证了通过动态信息和静态信息的融合，可以更完整地描述时序之间的潜在关系、更有效地捕捉数据中潜在的内在联系。

图交互模块的影响：MTSGNN-GL是MTSGNN的另一个变体，它将图交互模块去除，仅使用整个图学习模块对时序进行多步预测。具体来说，MGSGNN-GL中不包括式（6.11）和式（6.12）的计算，式（6.13）和式（6.14）分别改为：$\overline{A^s} = A^s$和$\overline{A^d} = A^d$。实验结果表明，MTSGNN-GL和MTSGNN-S的性能大致相同。与MTSGNN-GL相比，MTSGNN因包含图交互模块使其在每个指标上都表现的更为良好。这是因为图交互模块能够帮助MTSGNN突出重要的节点。

动态图和静态图的作用：实验结果表明，MTSGNN-S、MTSGNN-D降低的百分比类似，但MTSGNN-S稍优于MTSGNN-D。MTSGNN-S和MTSGNN-D在METR-LA数据集上的预测效果提升得很明显，每个评估指标都提高了6%以上。MTSGNN-D在结合了动态图和静态图的情况下，虽然没有利用图交互模块对动态图和静态图的信息进行交互与融合，但预测效果仍得到了大幅度提升。对于PEMS-BAY数据集，通过结合动态图和静态图，MAPE和RMSE分别多降低了20%以上，MAE指标也有了明显的提升。

为了评估计算成本，我们比较了MTSGNN、LSTNet、TPA-LSTM和MTGNN在Exchange-Rate数据集上的参数量和每epoch的训练时间（见表6-4）。在这些方法中，LSTNet的参数量最少，运行速度最快，但它的预测结果最差。与TPA-LSTM和MTGNN相比，MTSGNN运行速度最快，预测结果最好。综合考虑到预测性能的显著提高和计算成本，MTSGNN比现有方法具有更大的优越性。

表6-4 Horizon为3时，Exchange-Rate上4个模型每epoch的训练时间

模型	参数量	每epoch的训练时间（秒）	总共运行时间（小时）
LSTNet	71613	34.11	0.94
TPA-LSTM	379051	313.41	8.71
MTGNN	337345	349.57	4.86
MTSGNN	163325	111.89	1.55

综合比较：第一，虽然传统的统计模型VAR、AR和GP等运算速度较快，但其对于复杂的多元时序数据的预测效果明显没有基于图的模型效果好。第二，对于交通流量等结构相对固定的数据，使用了预定义图的GCN的模型，如STGCN、ASTGCN等，可以在不使用复杂网络设计的情况下达到较好的预测效果，明显优于基于注意力的模型DSANet。而本章提出的模型MTSGNN因引入了动态图，对数据复杂的动态变化进行了建模，预测效果比基于GCN的方法提高了10%左右，这进一步在单步预测中得到了验证。第三，相比其他基准模型，MTSGNN还具有参数量较小、运算速度较快、预测效果最好等特点。

6.6 本章小结

本章提出一种基于图神经网络的多元时序预测模型MTSGNN。为了充分挖掘时序数据之间的关系，该模型首先采用数据驱动的学习方法对时序静态图和动态图进行学习；其次，通过图交互模块融合上述2个图中的信息，使得每个节点能从其重要邻近节点获得更多的信息；最后，使用卷积运算处理静态图和动态图中的空间依赖关系，并对多元时序进行预测。实验结果表明，MTSGNN在6个真实数据集上的预测效果均优于所有基线模型，显示出了其在多元时序预测上的有效性和优越性。

7 基于动态图的时间序列预测与案例研究

时空模型是一种结合时间与空间分析的模型，广泛应用于交通、金融和医学等多个领域。虽然时间序列预测是一个研究得非常充分的问题，但近年来，作为空间学习问题范式的图学习在性能方面取得了显著进展。最近的一些研究探索了这2个领域的交叉，但通常假设空间结构是静态的。本章提出了一种新的动态图时空学习框架。该模型的2个主要组成部分是：①时变邻接空间上的时间卷积；②张量图卷积层(Tensor Graph Convolution Layer，TGCL)，它聚合了时变节点特征和时变图的潜在时间表示。该框架概括了之前的模型，能够利用动态图和静态图，并且在计算效率方面具有吸引力。通过2种基于时变图的方法Dyn-STGCN和Dyn-GWN，展示了该框架在时间序列预测中的应用。实验结果证明，这些方法在不同领域的数据集上均表现出色。值得注意的是，Dyn-STGCN和Dyn-GWN在处理动态图方面优于现有的最先进的基于时变图的方法，如EvolveGCN和TM-GCN，并且在泛化能力、训练和推理效率方面都表现突出。

7.1 引言

图是一种流行的数据结构，可以有效表示结构化领域中实体之间的关系。近年来，大量文献探索了基于图的表示学习在时间序列预测中的广泛应用[277][307][308][309][378][385][386][387]。这些研究涵盖了交通预测[307][308]、电力网络[277]、银行链路[387]等固有的空间问题。此外，与上述文献中相同的框架也被扩展到股票价格预测[388]、货币汇率[387]和流行病学[386]等更抽象的关联结构上。因此，现有的这些有效的图表示学习方法为提升众多应用问题的预测性能提供了良好的基础。

这些研究采用了图神经网络（Graph Neural Networks，GNN），将卷积神经网络扩展到不规则的图域上。现有的大多数研究依赖于给定的静态图[277][307][308]等。然而，在许多现实世界的场景中，图结构会随着时间的推移而演变，如社交网络[389]、检测金融网络中的欺诈和犯罪[378]，以及分析接触追踪数据[390]。因此，将图的演化捕捉并反映在学习的图表示中，对于提高泛化能力至关重要。然而，针对动态变化的图学习模型的研究仍然有限[378][390][391]，这些模型要么非常慢，要么泛化性能很差。

本章提出的模型在样本外泛化能力和计算效率方面表现出色。该模型结合了时变邻接空间上的时间卷积（Temporal Convolution）和张量图卷积层（Tensor Graph Convolution Layer，TGCL），能够有效地捕捉时变图表示中的动态趋势。该联合模块可以与现有的最先进的（时序）GNN架构（这些架构以前只依赖静态图）相结合，如时空图卷积网络[308]（Spatial-Temporal Graph Convolutional Networks，STGCN）、Graph WaveNet[309]和MTGNN[277]。我们为基于时变图的模型配置了低成本计算的时变部分相关图（当时变图未给出时，相关性自然是时变的）。实验证明，时变邻接空间和TGCL上的时间卷积显著提高了这些模型的样本外泛化能力。此外，配备了TGCL的模型在性能上比之前依赖动态图的模型如EvolveGCN[378]和TM-GCN[390]提升了30%，而基于TGCL的模型训练速度比EvolveGCN快了300倍。本章的贡献总结如下：

① 提出了时变图邻接空间上的时间卷积（与时变特征空间上的时间卷积一起运行）。

② 提出张量图卷积层，将图卷积算子推广到张量空间，并结合时变（学习）特征表示和时变（学习）图表示。

③ TGCL以及时变图上的时间卷积可以合并到许多现有的时间GCN架构中，如STGCN和GWN，并将合并了TGCL的这些架构表示为Dyn-STGCN和Dyn-GWN，在金融和交通数据集上与各自的（静态）对应结构相比，显示出更强的样本外泛化能力。

④ 与依赖动态图的最先进基线（如EvolveGCN和TM-GCN）相比，本章提出的Dyn-GWN在流量预测PEMS-BAY数据集上的测试性能提高了35%。

⑤ Dyn-GWN比EvolveGCN（一个常用的动态图模型的基线模型）快300倍。

7.2 相关工作

7.2.1 静态时空模型（Static Spatio-Temporal Models）

静态时空模型是近年来研究的热点，许多工作集中在开发能够利用静态空间结构的模型。Zhao等[308]提出了STGCN，从纯卷积架构的角度进行流量预测。STGCN中将图卷积应用于图邻接矩阵，并将一维因果卷积应用于时间轴。Li等[307]在DCRNN架构中利用扩散卷积的思想来捕捉交通预测中的空间依赖关系。这2种方法已成为该领域的基础，推动了一系列模型的发展，提升了模型在空间和时间上的表现[392]。

在后续模型中，Graph WaveNet[309]和MTGNN[277]尤为引人注目。Shang等[309]基于Zhao等[308]的工作，使用前向和后向扩散卷积，并学习“自适应”邻接矩阵，以捕捉原始邻接矩阵中未表示的隐藏依赖关系。为了捕捉时间关系，他们应用了一维因果卷积，这能够捕捉长时关系并有效扩展。Wu等[277]则专注于图结构未知的应用，从纯时序数据中学习图结构。他们的方法使用了与Zhao等[308]相似的一维卷积，同时结合了基于Mixhop的图卷积层[393]，通过学习邻接矩阵幂的混合权重，增强了模型的表示能力。Graph WaveNet和MTGNN在交通预测比较研究中已被独立验证为最先进的模型[392]。然而，这些模型都未考虑如本章提出的动态邻接空间上的时间卷积以及基于TGCL的聚合方案。本章提出的建议可以整合到这些先进的模型中，并通过STGCN和Graph WaveNet这2个具体模型进行展示。

7.2.2 动态时空模型（Dynamic Spatio-Temporal Models）

最早的此类方法之一是由Chen等[378]提出的EvolveGCN。他们通过递归模型捕捉GCN参数的演变，将Engle等[394]在图卷积方面的工作扩展到动态图领域。EvolveGCN采用循环架构，对GCN权重随时间的动态变化进行建模，使权重根据先前的权重和/或当前节点嵌入进行"演化"。Defferrard等[390]进一步扩展了图卷积范式，使其包含时间维度的三维张量。他们的工作保留了图卷积的函数形式，并通过张量乘积重新定义了卷积函数，因而命名为TM-GCN。

7.2.3 现有工作的局限性（Limitations of Existing Works）

尽管已有许多静态图的时空预测方法，但现有的动态图时空预测方法在训练和推理速度上较慢或泛化性能相对较差（我们在表7-1中对此进行了详细总结）。虽然EvolveGCN[378]在许多任务上表现出色，但其循环架构导致训练时间过长，因此在适应新数据集和新任务时面临挑战。相比之下，TM-GCN[390]在时空数据集上的计算效率显著提升，但在我们的实验中显示出较差的泛化能力。为了解决这些问题，本章提出了Dyn-STGCN和Dyn-GWN方法，从TM-GCN[390]和STGCN[308]或GWN[309]中汲取灵感，旨在克服上述缺点。大量实验证明，这些新方法在多个基准测试中表现优异。

表7-1　　时空模型的定性比较

模型	图的类型	训练时间	泛化能力
DCRNN	静态图	缓慢	强

续表

模型	图的类型	训练时间	泛化能力
STGCN	静态图	快速	强
GWN	静态图	快速	强
EvolveGCN	动态图	缓慢	强
TM-GCN	动态图	快速	弱
Dyn-STGCN	动态图	快速	强
Dyn-GWN	动态图	快速	强

7.3 问题定义

假设我们有一个图序列$\mathcal{G}^t=\left(\mathcal{V},\ A^{(t)},\ X^{(t)}\right)$，$t\in\{1,\ \cdots,\ T\}$。这里图序列是一个包含$N$个节点的集合$\mathcal{V}$、时变邻接矩阵$A^{(t)}\in\mathbb{R}^{N\times N}$和时变节点特征矩阵$X^{(t)}\in\mathbb{R}^{N\times p}$。$X^{(t)}_{n,:}$是由在时间$t$与节点$n$相关的$p$个特征组成的特征向量。图可以是加权的、有向的或无向的，并可以在时间上推广。时变图由张量$G\in\mathbb{R}^{T\times N\times N}$表示，它连接了所有时间步长$t\in[T]$的$A^{(t)}$。类似地，特征张量$X^{(t)}\in\mathbb{R}^{T\times N\times p}$连接了每个时间步长的节点特征$X^{(t)}$。

静态图设置用$\mathcal{G}=\left(\mathcal{V},\ A,\ X^{(t)}\right)$表示，具有相同的节点集合$\mathcal{V}$和固定的邻接矩阵$A$（捕获长时依赖关系）和时变的节点特征矩阵$X^{(t)}$。

考虑一种动态图表示学习范式，旨在学习一个函数$f(\cdot)$，将T'个历史图信号和时变图映射到未来的h图信号，即：

$$\left[X_{(t-T'+1:\ t)},\ G_{(t-T'+1:\ t)},\ S\right]\xrightarrow{f(\cdot)}X_{(t+1:\ t+h)} \tag{7.1}$$

动态学习范式采用额外的（给定的）静态图来捕获长时依赖关系。假设时变图是先验已知的，并将其传递到学习问题中（这类似于Defferrard等[390]和Chen等[378]研究的学习范式）。

7.4 DYN-STGCN和DYN-GWN结构

鉴于之前的静态图模型具有强大的泛化性能，STGCN和GWN为扩展到动态图提供了一个令人信任的方向。这些静态模型依赖于2个基本块：一维时间卷积和图卷积。将这些模型拓展到动态图的关键挑战是：

① 如何将时间卷积块扩展到张量，而不是矩阵；

② 如何将学习到的动态图嵌入与特征嵌入进行聚合。

对于第一个挑战，我们是从节点特征所采取的方法中获得的灵感，设计了一个类似的策略，在邻接张量上执行门控时间卷积。对于第二个挑战，我们引入了一个张量图卷积层。我们将在7.4.1节和7.4.2节详细讨论我们的提案。

本章提出的结构适用于多种现有最先进的方法，如STGCN[308]、Graph WaveNet[309]、MTGNN[277]等。在STGCN和GWN的背景下证明了所提出结构的适用性。我们将新方法表示为Dyn-STGCN和Dyn-GWN。

7.4.1 基于残差连接的门控时间卷积层

本章首先描述了具有残差连接的门控时序卷积层，这些残差连接在时变邻接图张量上运行。这些层由3个部分组成：扩张因果卷积[403]、门控[404]和残差连接[405]。这些门控时序卷积层捕捉动态图中的时序趋势，这些模块仅用于捕获节点特征的时间趋势。然而，正如我们在工作中所展示的，动态图中的时间趋势也捕获了有用的信息，描述了门控时间卷积层的各个组成部分。

①扩张因果卷积（Dilated Causal Convolution）。扩张因果卷积有多个有利的特性：通过增加层深度，允许一个指数级大的感受野；可以支持长程序列；允许进行高效的并行计算（因为不需要递归计算）；允许通过零填充进行因果预测（预测不依赖于未来的时间步长）。

作为标准一维卷积的一种特殊情况，扩张因果卷积操作通过跳过一定步骤的值在输入上滑动。数学上，给定一个一维序列输入 $x \in \mathbb{R}^{T'}$ 和一个滤波器 $h_\theta \in \mathbb{R}^K$，步长 t 时 x 与 h_θ 的扩张因果卷积运算表示为：

$$x \star h_\theta(t) = \sum_{s=0}^{K-1} h_\theta(s)x(t - d \times s) \tag{7.2}$$

其中，d是控制跳步距离的膨胀因子。

②门控时间卷积网络（Gated Temporal Convolution Networks，GTCN）。门控机制在循环和时序架构中都显示出了有希望的结果[404]。最基本的门控时序卷积网络的形式如下：

$$h = g\left(x \star h_{\theta_1}\right) \odot \sigma\left(x \star h_{\theta_2}\right) \tag{7.3}$$

其中，x是输入，θ_1和θ_2是可学习参数，$\odot$是元素哈达玛乘积，$g(\cdot)$是激活函数，$\sigma(\cdot)$是$Sigmoid$函数，它决定传递到下一层的信息的比例。需要注意的是，还有其他偏置项，为了方便，我们在这里省略了这些项。在模型中采用门控TCN来学习复杂的时间依赖关系。根据经验，我们使用正切双曲函数$tanh(\cdot)$作为激活函数$g(\cdot)$。在张量符号中，我们将此操作表示为$\Gamma_{\star_X}\theta$。

③残差连接（Residual Connections）。鉴于残差连接在各种神经网络架构中的成功，如ResNets[322]、图卷积网络[397]等，我们在门控TCN中包括额外的残差连接，即：

$$h = g\left(x \star h_{\theta_1} + x^{res}\right) \odot \sigma\left(x \star h_{\theta_2}\right) \tag{7.4}$$

其中，x是来自前一个TCN层的残差连接。在张量表示法中，我们将这个操作表示为$\Gamma_{res} \star {}_X\theta$。

带残差连接的门控TCN在动态图中的应用：我们建议将式（7.4）中的操作应用于动态图。该函数与STGCN和GWN架构中的时间卷积（对信号/特征进行操作）并行运行。门控TCN层的堆叠允许学习动态图和动态节点信号中的长时依赖关系（现有的STGCN和GWN只学习动态节点信号中的长时依赖关系）。

利用式（7.4）中的操作需要一些实现方面的考虑。为了在流行的深度学习API中实现能与现有的高效的GPU所兼容的时间卷积操作，将动态图的重塑版本传递给模块。G在输入时对其进行以下处理：$\left(b，T'，N^2，1\right)$。其中，b表示批量大小，T'表示历史滞后，N^2表示图中所有成对的条目。连续的门控TCN模块生成$G^l \in \mathbb{R}^{b,\ T' - d_{[l]} * (K-1),\ N^2,\ c_{out}^l}$。其中，$c_{out}^{l}$表示潜在动态图的数量，$d_{[l]}$表示一直到层$l$的膨胀因子。注意$c_{out}^{l-1} = c_{in}^{l}$对于$l \in [l]$，$c_{in}^{1} = 1$，$L$表示架构中连续的门控TCN模块的数量。

④邻接归一化层（Adjacency Normalization Layer）。经过实证调查，发现适当的归一化邻接张量对模型的强大性能至关重要。因此，我们将每个潜在的（或输入）邻接切片转换为$[0,\ 1]^{N \times N}$。在将邻接张量传递给TGCL（在7.4.2节中描述）之前，这是必要的。因此，我们构建邻接归一化层，用函数$\overline{G}^{l} = n(G^{l})$表示。我们将来自层$l$：$G^{l} \in \mathbb{R}^{b,\ T' - d_{[l]} * (K-1),\ N^2,\ c_{out}^{l}}$的邻接空间上具有残差连接的门控TCN的输出作为输入，并将其转换为$\overline{G}^{l}$，见式（7.5）：

$$\overline{G}^{l} = n(G^{l}) = Softmax(G_r^{l}) \tag{7.5}$$

其中，$G_r^{l} \in \mathbb{R}^{b,\ T' - d_{[l]} * (K-1),\ N^2,\ c_{out}^{l}}$是$G^{l}$的重塑版本，$Softmax(\cdot)$应用于$G_r^{l}$的第二维到最后一维。Softmax归一化已在之前的静态图学习文献[309]中使用。规范化确保潜图在用于图卷积/聚合操作时具有非负权重。Ledoit等[398]指出，GCNs图卷积操作中的聚合方法传统上是为无符号图设计的，因为它们假设社会理论同质性。符号图需要更复杂的聚合方法。

⑤邻接空间上的时间卷积与TM-GCN方法的关系。从概念上来讲，我们在动态图上应用时间卷积受到Malik等[390]所采取的方法的启发。他们应用了张量卷积框架[398][399]计算时间维度上邻接张量的平均值。通过应用门控时间卷积，在非线性空间中实现了类似的加权平均。

7.4.2 张量图卷积层

鉴于节点的结构信息，图卷积是提取节点特征的一个基本操作。现有文献中2种流行的方法总结如下：第一种方法，通过第一种近似的切比雪夫滤波器来聚合和转换其邻域信息，从而平滑节点的信号[394][400]。这已经在STGCN中使用[308]。第二种方法，在从静态图学习的背景下对图信号的扩散过程进行建模，如DCRNN[307]和Graph WaveNet[309]。我们在从动态图中学习时使用第二种方法。

在动态图的背景下，应用图卷积操作需要仔细考虑如何将潜在时序特征与潜在时序图相结合。这与静态设置不同，因为相同的图是由潜在时间特征的所有通道组合的。一个简单的参数化会考虑潜在时序特征与潜在时序图的外积。然而，这导致了严重的过度参数化。为了防止这种过参数化，我们在时变图上具有时间卷积操作使用并行架构（在7.4.1节中描述）使每层的通道数与时间卷积的通道数相匹配（在时变特征上操作），这有助于紧凑的参数化。我们将这种参数化与图卷积的扩散过程方法结合起来，编写张量图卷积操作：

$$\left(H^l \star_{G^l} W^l\right)_{bijm} = \sum_{v=1}^{V}\left(\sum_{n=1}^{N}\left(\left(\overline{G}^l\right)^v\right)_{bijo} H^l_{bino}\right)\cdot W^{l,v}_{om} \tag{7.6}$$

其中，$\left(\overline{G}^l\right)^v$是转移矩阵$\overline{G}^l$的幂级数，$H^l$是层$l$的潜在时序特征，$W^{l,v}\in\mathbb{R}^{c^l_{in},c^l_{out}}$是层$l$可学习矩阵的幂次$v$。在有向图的情况下，扩散过程有前向和后向，实现支持。在Dyn-STGCN和Dyn-GWN架构中，TGCL的输出与原始图卷积层的输出聚合在一起（在STGCN和GWN架构中的静态图上操作）。

7.4.3 完整结构：Dyn-STGCN和Dyn-GWN

我们总结了本章提出的Dyn-STGCN和Dyn-GWN2种架构，它们将动态图上的时间卷积和TGCL相结合。图7-1是Dyn-GWN的整体架构。

①Dyn-STGCN。我们从一个归一化（和处理）的动态图张量G开始，形状为$(b, T', N^2, 1)$。其中，b是批处理大小，T'是历史滞后，N是节点数。现在我们可以直接在邻接空间中应用时间卷积。因此，我们可以将Dyn-STGCN中的完整时空卷积模块表示为：

$$H_f^l = \Gamma \star_{H^l} \theta_1^l \tag{7.7}$$

$$G_a^l = \Gamma_{res} \star_{G^l} \theta_2^l \tag{7.8}$$

$$\overline{G}^l = n\left(G_a^l\right) \tag{7.9}$$

$$Z^l_{Static} = \hat{A} H_f^l W^l_{Static} \tag{7.10}$$

$$Z^l_{Dyn} = H_f^l \star_{\overline{G}^l} W^l_{Dyn} \tag{7.11}$$

$$Z^l = ReLU\left(Z^l_{Static} + Z^l_{Dyn} + H^{l,res}\right) \tag{7.12}$$

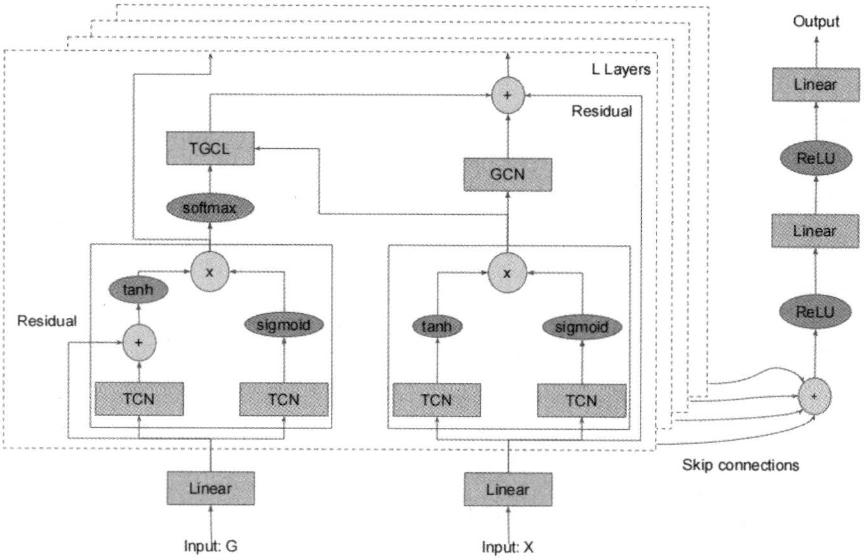

图 7-1　Dyn-GWN 的整体结构

$$H^{l+1} = \Gamma \star_{Z^l} \theta_3^l \tag{7.13}$$

$$G^{l+1} = \Gamma_{res}^l \star_{G_a^l} \theta_4^l \tag{7.14}$$

其中，$\hat{A} = \tilde{D}^{-\frac{1}{2}} \tilde{A} \tilde{D}^{-\frac{1}{2}}$，$\tilde{A} = A + I_N$，$I_N \in \mathbb{R}^{N,\ N}$是单位矩阵，$\tilde{D}$是对角矩阵，对角元素$\tilde{D}_{ij} = \sum_j \tilde{A}_{ij}$。$G^l \in \mathbb{R}^{b,\ T'-2l(K-1),\ N,\ N,\ c_{in}^l}$和$H^l \in \mathbb{R}^{b,\ T'-2l(K-1),\ N,\ N,\ c_{in}^l}$是层 l 的输入，产生输出 $G^{l+1} \in \mathbb{R}^{b,\ T'-2(l+1)(K-1),\ N^2,\ c_{out}^l}$ 和 $H^l \in \mathbb{R}^{b,\ T'-2(l+1)(K-1),\ N,\ c_{out}^l}$。需要注意的是，Dyn-STGCN（如STGCN）中所有时间卷积的扩张率为1。H还经过批量归一化和Dropout层，以便在传递到下一个模块之前稳定学习。

②Dyn-GWN。我们从一个归一化（和处理）的动态图张量G开始，形状为$(b,\ T',\ N^2,\ 1)$。其中，b是批量大小，T'是历史滞后，N是节点数量。现在我们可以直接在邻接空间中应用时间卷积。因此，我们可以将Dyn-GWN中的每个模块表示为：

$$H_f^l = \Gamma \star_{H^l} \theta_1^l \tag{7.15}$$

$$G_a^l = \Gamma_{res} \star_{G^l} \theta_2^l \tag{7.16}$$

$$\overline{G}^l = n(G_a^l) \tag{7.17}$$

$$S_{Static}^{l} = \sum_{v=0}^{V} \overline{A}^{V} H_f^l W_{v,1} + \left(\overline{A^T}\right)^{V} H_f^l W_{v,2} \tag{7.18}$$

$$S_{adp}^{l} = \sum_{v=0}^{V} A_{adp}^{v} H_f^l W_{v,3} \tag{7.19}$$

$$S_{Dyn}^{l} = H_f^l \star_{\overline{G}^l} W_{Dyn}^{l} \tag{7.20}$$

$$H^{l+1} = S_{Static}^{l} + S_{adp}^{l} + S_{Dyn}^{l} + H^{l,res} \tag{7.21}$$

$$G^{l+1} = G_a^l \tag{7.22}$$

其中，$\overline{A}$是A的行和规范化版本，$\overline{A^T}$是A^T的行和规范化版本。$G^l \in \mathbb{R}^{b,\ T'-d_{[l]}(K-1),\ N,\ N,\ c_{in}^l}$和$H^l \in \mathbb{R}^{b,\ T'-d_{[l]}(K-1),\ N,\ N,\ c_{in}^l}$是第$l$层的输入，产生输出$G^{l+1} \in \mathbb{R}^{b,\ T'-d_{[l+1]}(K-1),\ N^2,\ c_{out}^l}$和$H^{l+1} \in \mathbb{R}^{b,\ T'-d_{[l+1]}(K-1),\ N,\ c_{out}^l}$。$H^{l+1}$在传递到下一个模块之前也经过丢弃层，以减少过拟合。需要注意的是，膨胀率$d_{[l]}$表示到第l层的膨胀率，其控制连续时间卷积时间维度的数量。

7.5 数据集

7.5.1 金融市场数据集：股票波动性

本章在股票波动的背景下，用动态图来评估时间序列预测。我们选择来自S&P500金融市场的80家公司，并根据文献[401][407][405]，使用每日股票价格的最高点和最低点定义波动率：

$$\tilde{\sigma}_{it}^2 = 0.361\left(\log p_{it}^{high} - \log p_{it}^{low}\right)^2 \tag{7.23}$$

其中，$\log p_{it}^{high}$和$\log p_{it}^{low}$表示股票i在t日的最高价格和最低价格。

我们选择2种不同的动态图：EDGAR协同搜索图和偏相关图。前者可以从另一个数据源恢复（并处理），后者则可以从相同的时序数据中廉价地计算出来，以适应不容易获得动态图的设置。我们在下面总结了这2种方法。

① EDGAR协同搜索图（EDGAR Cosearch Graph）。基于Garmendia等[406]的论文，EDGAR协同搜索图数据集基于从SEC文件中的搜索结果，构建了一个股票图。每个公司代表一个节点，而边的权重是通过重新归一化在公司B之前搜索公司A的次数来计算的。这个权重对应

于从A到B的一条有向边。我们利用这个加权的连接矩阵来预测时间序列目标，如在EDGAR数据集的时间段内从雅虎财经（Yahoo Finance）获得的回报、波动率和交易量。对于从EDGAR协同搜索图中预测日波动率的任务，实验部分使用滞后的日波动率（Lagged Daily Volatilities）作为节点特征。通过使用滑动窗口方法对前面的48步长进行平均，对每个节点特征进行平滑。我们在训练集上使用2005—2015年的图，在验证集上使用2015—2016年的图，在测试集上使用2016—2017年的图。对于只容纳静态图的方法，我们计算整个时间段内的平均邻接度。

② 偏相关图（Partial Correlation Graph）。为了进一步探索来自雅虎财经数据的时间序列，我们构建了新的图来直接捕获时间序列的相关性。从原始的成对时间序列开始，我们使用固定大小的滚动窗口计算兴趣子集中所有公司之间的Ledoit-Wolf协方差矩阵[408]。通过经验发现，对于S&P500数据，窗口大小为48是最优的。为了构造邻接关系，我们使用矩阵求逆运算来计算相应的精度矩阵。有了它，我们根据Boykov等[409]所描述的前一个矩阵计算偏相关性，并取绝对值。这在每个时间步长上提供了公司之间的非负相关结构。对于利用这些图进行的实验，我们使用与上面原始S&P500和EDGAR数据集相同的数据，并简单地将EDGAR协同搜索图替换为使用偏相关构建的图。

7.5.2 交通数据集：METR-LA和PEMS-BAY

由于交通预测是时空方法的一个常见应用，因此本章探讨了在这种情况下模型的性能。我们使用METR-LA[307]和PEMS-BAY[309]这2个数据集进行研究实验。METR-LA包含来自洛杉矶县高速公路环路检测器的交通数据[410]。我们选择80个传感器，并为我们的实验采样大约一周长的数据块。我们对PEMS-BAY数据采用了相同的方法。PEMS-BAY数据集由加州运输机构（California Transportation Agencies）性能测量系统（Performance Measurement System）制作。对于这2个数据集，我们使用Shang等[309]的验证和测试分割。我们使用原始训练集中最后的20 000个训练样本用于METR-LA和5 000个训练样本用于PEMS-BAY。

为了进一步验证我们模型的稳健性，我们对这2个数据集应用了相同的基于部分相关的方法。对于静态图方法，我们使用Li等[307]提供的原始空间邻接性。

7.6 实验

本节通过大量实验证明了时间卷积在动态邻接空间上的有效性，以及TGCL聚合方案在时间序列问题上的有效性。在实验中，采用了最先进的模型，如STGCN[307]和GWN[309]，并对模型进行了优化。需要注意的是，我们使用Dyn-model来表示与我们的建议优化的模型。

我们研究了本章提出的模型在各种情况下的表现，并与每种情况下的相关最先进基线进行了比较。不同的设置可以总结如下：

① Dyn-STGCN与（静态）STGCN和用于时间序列预测的经典高维统计方法（如向量自回归[411]和多输出随机森林[412]）的比较：我们使用平均绝对误差（Mean Absolute Error，MAE）和均方误差（Mean Squared Error，MSE）作为评估指标，考虑2种类型的外部动态图，即EDGAR和偏相关。

② 动态GWN与METRLA上的（静态）GWN进行多步水平预测（最多12步）的比较：我们使用了平均绝对误差（Mean Absolute Error，MAE）、均方根误差（Root Mean Square Error，RMSE）和平均绝对百分比误差（Mean Absolute Percentage Error，MAPE）。此外，我们考虑了不同的水平步长{3，6，9}，包括模型在12个范围内的平均表现。

③ Dyn-GWN与动态时空模型的比较：我们依旧使用MAE、RMSE和MAPE作为评估指标。EvolveGCN和TM-GCN在PEMS-BAY上进行多步水平预测，并比较了Dyn-GWN与EvolveGCN的训练和推理时间（在实验中比TM-GCN更有希望）。

④模型实现（Models Implementation）：我们在TensorFlow中实现了Dyn-STGCN模型，在PyTorch中实现了Dyn-GWN模型。

⑤计算设置（Computing Setup）：所有实验都在Linux集群上进行设置（CPU：IBM POWER9 @ 2.90 GHz，GPU：Nvidia Tesla V100）。

7.6.1 基于Dyn-STGCN的股票波动性分析

我们以7.5.1节中描述的每日股票波动率数据集为例，使用动态埃德加图和动态偏相关图，研究了Dyn-STGCN在以下情况中的性能。

① 方法（Methods）。我们将Dyn-STGCN与（静态）STGCN和用于时间序列预测的经典高维统计方法（如向量自回归[412]和多输出随机森林[413]）进行比较。我们使用Scikit-learn中的随机森林[413]，并使用其中的岭回归器（Ridge Regressor）来设置带有岭惩罚（Ridge Penalty）的多元VAR[413]。

② 调优（Tuning）。我们利用Mensch等[414]提出的随机搜索方法进行了1 000次超参数调优试验。所有模型都是根据［5，100］范围内的历史滞后进行调整的。对于VAR，A在［10，106］范围内的对数尺度上均匀采样。对于RF，我们调整了［1，100］范围内的树的数量、［2，-20］范围内的深度、集合{1，2，4，6，8}中分裂的最小样本和［1，20］范围内每个叶的最小样本。对于STGCN和DynSTGCN，我们使用具有固定通道的单个STGCN块［8，32］。我们在［10-3，10-1］范围内调整了学习率，批处理大小在集合{16，32}上，Dropout在［0.03，0.1］范围内。这2个模型都运行了500次迭代（epoch），并根据验证集提前停止（patience=10）。

③ 评价指标（Evaluation Metrics）。以均方误差为目标训练模型。为了评估所研究模型的性能，我们使用均方误差（Mean Squared Error，MSE）和平均绝对误差（Mean Absolute Error，MAE）。在调优之后，我们对每个模型进行50次重复的训练（使用随机初始化），并报告平均结果及其标准误差。报告了50次试验中所有模型的2个指标的结果。

④ 结果（Results）。表7-2展示了Dyn-STGCN和基线对股票波动率预测的结果。显然，将动态图结构合并到这些预测任务中是有好处的。所提出的模型在2种动态图的2种评估指标上都优于Dyn-STGCN所有基线。值得注意的是，低成本计算的动态部分相关图优于外部生成的动态EDGAR图。

表7-2 Dyn-STGCN在2个动态图（EDGAR和偏相关）的股票波动数据集上的性能测试

模型	静态图	动态图	MSE	MAE
RF	—	—	0.1313 ± 0.0001	0.2908 ± 0.0001
VAR	—	—	0.1168 ± 0.0000	0.2719 ± 0.0000
STGCN	EDGAR	—	0.1066 ± 0.0026	0.2558 ± 0.0030
Dyn-STGCN	EDGAR	EDGAR	0.1038 ± 0.0005	0.2522 ± 0.0007
Dyn-STGCN	EDGAR	偏相关	0.10716 ± 0.0012	0.2096 ± 0.0018

注：“—”表示该方法不使用静态图或动态图。

7.6.2 基于Dyn-GWN的METR-LA分析

我们在真实世界的METRO-LA流量数据集上比较了Dyn-GWN与（静态）GWN的性能。我们将动态偏相关图用于Dyn-GWN。我们以（掩码）MAE为目标训练2个模型。

① 评价指标。基于交通预测的3个常用指标对这些方法进行评估（包括MAE、RMSE和MAP）。正如早期工作所做的那样，在计算这些指标时将缺失值排除在外[307][309]。

② 调优。2个模型的架构都固定为4个块。我们使用固定的批量大小为64，并基于验证集提前停止（patience=25）运行模型200个epoch。我们在［0.0001，0.01］范围内调整了学习率。我们报告了在保持测试集上的性能。

③ 结果。表7-3展示了15分钟（H3）、30分钟（H6）、45分钟（H9）和5分钟到1小时（H1-12）平均水平预测的不同方法的比较。我们可以观察到使用动态图的明显优势：Dyn-GWN在所有指标和范围上都优于GWN，这突出了在图邻接空间中捕捉演化的重要性。

表7-3 Dyn-GWN与（静态）GWN在METR-LA数据集上的多步预测比较

评估标准	模型	Horizon			
		H3	H6	H9	H1-12（平均）
RMSE	GWN	5.3407	6.3202	6.8835	6.1490
	Dyn-GWN	5.3069	6.2715	6.7967	6.0943
MAE	GWN	2.8212	3.1962	3.4264	3.1420
	Dyn-GWN	2.8139	3.1863	3.4053	3.1342
MAPE	GWN	7.3400	8.6800	9.3900	8.4300
	Dyn-GWN	7.3200	8.5800	9.2800	8.3600

7.6.3 Dyn-GWN、EvolveGCN 和 TM-GCN 在数据集PEMS-BAY上的对比分析

在真实世界的PEMS-BAY流量数据集上，我们比较了Dyn-GWN与动态图表示学习方法的性能。所有方法都使用动态偏相关图。我们以（掩码）MAE为目标训练所有模型。这些方法再次基于（掩码）MAE、RMSE和MAPE进行评估。

① 方法。我们考虑EvolveGCN[378]和TM-GCN[390]模型，提供的原始实现经过更新，以支持具有（掩码）平均绝对误差损失的训练。

② 调优。将EvolveGCN和TM-GCN的架构修复为默认设置。对于Dyn-GWN，我们使用2个block。为了与速度很慢的EvolveGCN进行公平的比较，我们对3个模型Dyn-GWN、EvolveGCN和TM-GCN只进行了20次调优试验，这些模型的学习率在［0.0001，0.01］范围内进行调优。我们将EvolveGCN的每次超参数试验的优化时间限制为4.5天（108小时）。相比之下，Dyn-GWN的每次测试平均收敛时间为2.2小时。

③ 结果。表7-4显示了15分钟（H3）、30分钟（H6）、45分钟（H9）和5分钟到1小时（H1-12）平均水平预测的不同方法的比较。我们可以观察到Dyn-GWN比其他方法有明显的优势：Dyn-GWN在所有指标和范围上都以很大的优势优于EvolveGCN和TM-GCN。

表7-4 **Dyn-GWN与动态图方法在PEMS-BAY数据集上的多步预测对比**

评估标准	模型	Horizon			
		H3	H6	H9	H1-12（平均）
RMSE	TM-GCN	9.7217	10.2725	10.8323	10.3423
	EvolveGCN	5.4819	6.1412	6.6995	6.1737
	Dyn-GWN	3.0463	4.2872	4.8884	4.0297
MAE	TM-GCN	4.4414	4.6637	4.8809	4.6906
	EvolveGCN	4.3084	4.6456	4.9615	4.6800
	Dyn-GWN	1.4302	1.8667	2.0991	1.7866
MAPE	TM-GCN	13.120	13.720	14.310	13.800
	EvolveGCN	8.768	9.701	10.592	9.851
	Dyn-GWN	3.220	4.620	5.430	4.420

与EvolveGCN的时间比较。将Dyn-GWN与基于时变图的方法进行了时间比较，特别是与EvolveGCN[378]进行比较，后者的性能比TM-GCN[390]更具有竞争力。在比较中，我们同时考虑了训练时间和推理时间。我们在Tesla V100 GPU上训练2个Dyn-GWN模型1次迭代。用于训练和推理的时间样本数量为5 000，2个模型的批量大小都是64。在表7-5中我们可以观察到，Dyn-GWN在训练时间上快了300倍，在推理上快了2 000倍。

表7-5 **Dyn-GWN与EvolveGCN在Tesla V100 GPU上进行了1次迭代的时间比较**

模型	训练时间	推理时间
EvolveGCN	16 400s	15 400s
Dyn-GWN	52s	8s

注：批量大小为64，T_train≈5 000，T_valid≈5 000，节点为80。

7.7 本章小结

综上所述，本章提出了一种新的动态图时空学习框架。该模型的2个主要组成部分是：时变邻接空间上的时间卷积和张量图卷积层，聚合了时变节点特征和时变图的潜在时间表示。本章提出的模型是将之前的模型进行了推广，这些模型能够在平衡动态图和静态图的同时，保持对给予卷积架构的高效计算。本章采用2个新的基于时变图的方法Dyn-STGCN和Dyn-GWN来展示我们的建议，并用于时间序列预测，实验证明了这些模型在一系列数据集和任务上的有效性。有趣的是，Dyn-STGCN和Dyn-GCN在处理动态图方面优于现有的最先进的基于时变图的方法，如EvolveGCN和TM-GCN。在强大的泛化方面，Dyn-STGCN和Dyn-GCN模型可以提供有效的训练和推理。未来，我们计划将这一模型应用于新的预测任务中，如链路预测。

8 一种基于广义梯度的组合优化问题求解方法

具有线性目标函数的组合问题在实际生活中有着广泛的应用，有很多有效的算法可以找出这些组合优化问题的最优解。然而，上述组合问题的解关于指定问题实例的参数是不可微的。因此，当以组合问题的解作为模型训练的准则时，我们很难使用基于梯度的方法对模型进行优化。目前，有很多学者尝试将组合优化和更广泛的凸优化求解器应用到基于梯度的模型训练中，几种对优化问题的解向量进行微分的方法应运而生。然而，在大多数情况下，我们只需对目标值（而不是解向量）求微分便可求解优化问题，而现有的求解方式会增加许多不必要的计算开销。针对上述问题，本章提出了一种直接在组合问题解的目标值上执行梯度下降的方法，即对于可有效表示为整数线性规划的有效可解的组合问题，其目标值关于问题中的实数值参数的广义梯度存在，并且能被黑盒组合算法经过单次运行有效地计算出来。同时，通过2个实验：①弱监督图像分类问题；②使用SoftMax或Gumbel-SoftMax的可微Encoder-Decoder结构的全局序列比对问题，展示了所提方法可以为该类问题提供可微组合损失，并验证了该方法与现有的其他方法相比，具有训练过程更稳定、预测更准确高效等优势。

8.1 引言

最短路径（Shortest Path）、最小生成树（Minimum Spanning Tree，MST）和任务的最优分配（Optimal Assignment of Tasks）等组合优化问题在实际应用中广泛存在，并起着重要的作用，有很多完善并有效的算法可以找到这些基础问题的最优解[415][416]。随着人工智能技术不断发展，人们能够以端对端、没有任何妥协的方式，通过神经网络等强大的函数逼近器进行丰富的特征提取，并与高效的组合求解器结合起来，实现对高复杂度组合问题的高效近似求解[417]。利用神经网络等以梯度下降为基础的算法对组合问题求解时，如果用来量化模型的预测值和真实值之间差异的准则中关于模型的参数是不可微的，将会阻碍我们使用组合问题的解作为训练模型的准则[418][419]。

定义模型训练准则的方式有很多。Wilder 等[420]将组合问题可行解对应的目标值所定义的损失，作为基于深度模型的图像分割任务的优化准则。根据图像中带有分割标签的像素，通过使用卷积神经网络来预测图像中所有像素的分割标签。对于图像中带有标签的像素，我们可以使用分类损失；对于其他不带标签的像素，通常使用基于组合问题的准则并通过迭代的方式对离散的分割标签进行优化[420][421]。例如，连接所有像素的规则点阵图[422]或超像素分割中的最大流或最小切割问题[423]，便是使用了基于组合问题的优化准则。当使用神经网络解决上述问题时，神经网络的输出是组合问题固定实例的一个可行解，但未必是最优解，而可行解的质量可以作为组合问题的损失。例如，神经网络所输出的像素标记可以被看作连接像素的预定义图的一个切割。通过对网络进行训练会提高图的切割效果，但这需要大量组合问题的实例来优化模型的参数。然而，组合优化问题的实例通常是稀疏的，这会严重影响神经网络在解决组合问题时的组合泛化能力[424]。

这里我们换一个角度来思考上述问题。如果将神经网络每个新的输出都当成组合问题的新的实例，然后使用组合算法找到每个新的输出所定义的最优解，并将最优解的目标函数值作为损失。在每次梯度更新后，即使对于相同的输入样本，网络也会产生一个新的组合问题的实例。最后，通过对上述过程进行迭代，该网络将会输出具有较低最优目标函数值的组合问题的实例。例如，序列到序列（Sequence to Sequence，seq2seq）模型需要对句子进行最优序列比对（Optimal Sequence Alignment），即网络应输出一个与目标句子准确匹配的新句子。在训练网络的最初，最优比对的效果会很差，但随着不断地对网络进行训练，输出句子的质量会越来越高，最优比对的损失值将会越来越低。

近年来，关于通过改进组合算法将组合问题归结为可微模型方面的研究取得了一些进展[425]。例如，Redding 等[426]通过对动态规划中的极大算子进行平滑处理，从而使得动态规划算法变成可微的；Dasgupta 等[427]则将不可微的黑盒组合算法执行2次，并用这2次执行所得的解来定义一个可微的插值，并利用该插值对组合算法进行改进。Lend 等[428]还提出了可用于对许多组合问题建模的可微线性规划和二次规划层。

上述方法在计算中需要对最优解向量求微分。然而，在大多情况下，我们只需要对最优值求微分，而对解向量求微分会增加许多不必要的计算。本章针对监督学习问题提出一种直接在组合问题解的目标值上执行梯度下降的方法来训练网络 $F(x;\ \beta)$。该方法对于样本 $(x,\ y)$，使用具有以下形式的损失函数作为训练 $F(x;\ \beta)$ 时的目标准则：

$$L(\beta)=h\Big(\text{OptSolutionObjectiveValue}\Big(\Pi\big(F(x;\ \beta),\ y\big)\Big)\Big) \tag{8.1}$$

其中，h：$\mathbb{R}\rightarrow\mathbb{R}$ 是一个可微函数，网络 F 的输入是特征向量 x，参数是 β，Π 是一个由 F 的输出和真实标签 y 所定义的组合求解器。本章指出，对于能被有效表示为整数线性规划（Integer Linear Program，ILP）的有效可解的组合问题，它的目标值关于其实数值参数的广义梯度存在，并且能被黑盒组合算法经过单次运行有效地计算出来。也就是说，一类广泛的组合问题可以被归结为利用梯度下降法进行优化的模型。这种将组合求解器变成深度学习模型中可微构建块的方式使我们能更有效地执行其内部算法，在保证深度学习模型的组合泛用性的同时，解决了组合求解器难以被直接调用以及在特定问题结构下的适用性难以保证的问题[429]。本章通过实验展示了组合问题的广义梯度：①在解决文本摘要任务时，能为使用Softmax或Gumbel-Softmax[430]的可微Encoder-Decoder模型提供句子级的损失；②在只有以“包”的形式存在的弱监督训练数据时，能为分类模型的训练提供多元素损失。

8.2 可微组合损失

8.2.1 广义梯度

若f: $\rightarrow \mathbb{R}$是定义在有界开凸集$\chi \in \mathbb{R}^p$上的函数，如果存在常数$K \in \mathbb{R}$使得对任意的x，$y \in B$，则函数f在开集$B \in \chi$上是利普希茨连续的。

$$\left| f(x) - f(y) \right| \leqslant K \left\| x - y \right\| \tag{8.2}$$

如果一个函数在其定义域内的每一个点x_0都有一个邻域B_0，即一个以x_0为中心的开球，当该函数在B_0上是利普希茨连续的时，我们就称这个函数是局部利普希茨连续的。

定义1[431] 假设f: $\chi \rightarrow \mathbb{R}$在$x \in \chi$的邻域内是利普希茨连续的，那么$f$在$x$处的克拉克次微分$\partial f(x)$为：

$$\partial f(x) = conv\left\{ \lim_{x_k \rightarrow x} \nabla f(x_k) \right\} \tag{8.3}$$

其中，$conv$是凸包，即包含给定集合中所有向量的最小多面体；对于所有存在梯度的点x_k，$conv$是对所有包含x_k的收敛数列求极限。我们称集合$\partial f(x)$是f在x处的广义梯度。

Rademacher定理[432]指出，对于任何局部利普希茨连续的函数，几乎在其每一点都存在梯度，并可以找到对应的收敛数列。在优化算法中，广义梯度的使用方法与次梯度相同[437]，即不可微性在某些情况下可能会影响收敛序列的收敛性。

8.2.2 组合优化和梯度下降

许多组合问题都具有线性目标函数并可以被直观地表示为ILP问题，即加入了额外约束条件的线性规划（Linear Program，LP）问题，其解向量中的分量只能是整数。任何ILP问题都可以转化为LP问题。如果有以下ILP问题：

$$z = ILP(c,\ A',\ b') \coloneqq \min_u c^T u \ \text{s.t}\ A'u = b',\ u \geqslant 0,\ u \in \mathbb{Z}^p \tag{8.4}$$

其最优解向量和最优值分别是u^*和z^*，则存在一个与之相对应的被称为理想表达式（Ideal Formulation）[434]的线性规划问题$LP(c,\ A,\ b)$：

$$z = LP(c,\ A,\ b) \coloneqq \min_u c^T u \ \text{s.t}\ Au = b,\ u \geqslant 0 \tag{8.5}$$

在这里，u^*是与上述ILP问题具有相同最优值z^*的最优解向量。对于一个可行域是有界的p-维整数规划问题，$(A',\ b')$可被视为一个凸多面体A'，即所有可行解的集合。将理想表达式$LP(c,\ A,\ b)$中的$(A,\ b)$定义为约束的集合，满足其中所有约束条件的可行集为$A = conv(A' \cap \mathbb{Z}^p)$。凸集$A'$完全包围其子集凸包中所有的点，因此$A$是凸的，且仅包含$A'$的所有整数解。理想表达式中的线性约束的数量可能和$p$或$A'$中原始约束条件的个数$m$存在指数增长关系，因此它对于求解ILP问题可能没有什么实际效用。

然而，我们可以将ILP的理想表达式作为一个概念工具，来定义组合问题最优解的目标值关于组合问题中参数的广义梯度。具体来说，首先，使用一个有效的黑盒组合算法，通过单次运行计算出组合问题的最优解向量和其对应的目标值；其次，将组合问题视为ILP的一个实例；最后，基于组合算法所返回的解向量，便可推导出等价于ILP，但复杂度可能是指数级别（无须具体求解）的大规模LP的广义梯度。

在定义组合问题的广义梯度之前，我们先引入以下定义。

定义2 假设$P(w)$是一个由连续向量$w \in \mathcal{W} \subseteq \mathbb{R}^n$参数化的组合问题。其中，$\mathcal{W}$是单连通的，$n$是问题的规模。假设$k \in \mathbb{Z}$是一个可能取决于问题的类型，但是一个与问题规模无关的常数，那么可以得出以下结论：

•如果一个组合问题可以转化成为一个包含 n 个变量的ILP问题，与这个ILP问题等价的理想表达式 $LP(c, A, b)$ 中有 kn 个约束条件，并且其中的3个参数都是关于 w 的（次）可微函数：$c = c(w)$，$A = A(w)$，$b = b(w)$，那么我们就称这个组合问题是原始-对偶 ∂-有效的。

•如果一个组合问题可以转化成为一个包含 n 个变量的ILP问题，参数 (A, b, c) 中只有成本向量 c 是关于参数 w 的（次）可微函数：$c = c(w)$，那么我们就称这个组合问题是原始 ∂-有效的。

•如果一个组合问题可以转化成为一个ILP问题，与其等价的 $LP(c, A, b)$ 理想表达式中有 kn 个约束条件。其中，参数约束矩阵 A、代价向量 c 和 b 中，只有 b 是关于参数 w 的（次）可微函数：$b = b(w)$，那么我们就称这个组合问题是对偶 ∂-有效的。

我们将定义2中这3种组合问题称为 ∂-有效问题。关于定义2以及在多项式时间内可解的组合问题，我们有3点说明：首先，在多项式时间内可解的具有线性目标函数的组合问题包括在上述这类 ∂-有效的问题中。通常来说，函数 $c = c(w)$、$b = b(w)$、$A = A(w)$ 要么是恒等映射，要么是常数。例如，在最大流的LP中，代价向量 c 直接由边的容量组成；而对于给定的流网络的拓扑结构，A 和 b 是常数并且不依赖于容量。其次，对于不是原始-对偶 ∂-有效的组合问题，它有可能是原始 ∂-有效的。比如，对于任何多项式时间内可解的组合问题，我们可以为求解它的算法构造一个大小为 $poly(n)$ 的布尔电路。对于每个大小为 $poly(n)$ 的电路，都存在一个能给出相同的解[435]，且具有 $poly(n)$ 个变量和约束条件的线性规划算法。以MST问题为例，构造MST的算法有很多，对于具有 V 个顶点和 E 条边的图，MST标准的ILP理想表达式中通常使用 E 个变量，虽然理想表达式只含有 $poly(V + E)$ 个约束条件，但它是一个包括 VE 个额外变量的拓展式（Extended Formulation）[436]。因此，无法使用Chen等[441]提出的方法来构造ILP的理想表达式，从而使得MST这个组合问题不是原始-对偶 ∂-有效的。另外，如果存在一个可以求解MST的ILP，图中的每条边都有一个二元变量，并且图的边权重只会影响代价向量 c，但为了禁止问题的解中存在环，需要在图中的每个环上都加上一个约束，因此约束条件的数量对于任意的一个图不是$poly(n)$。上述约束完全由图的拓扑结构确定，而不是由边的权值指定，因此A或b不受w影响，MST这个组合问题满足原始∂-有效的条件。最后，一些多项式时间内可解的组合问题无论如何都不是∂-有效的。例如，具有交互代价的固定秩组合问题[436]可以被很容易地转化为双线性规划，但这种转化就变量和约束数量而言，都会导致线性规划的规模变得很大。

利用下述定理1，对于上述这类∂-有效的组合问题，其目标值的广义梯度存在并能被有效地计算出来。

定理1 对于一个规模为n的组合问题$P(w)$，其中参数向量w来自参数域$\mathcal{W}$内部，$\prod(w)$是一个求解$P(w)$时间为$poly(n)$的算法。假设函数z是关于参数w的局部利普希茨函数，z^*为$\prod$返回的最优值，那么可以得出以下结论：

•如果P是原始∂-有效的，那么广义梯度$\partial z(w)$存在并且可以被有效地从U^*中计算出来，U^*是P所对应的ILP理想表达式解的集合。

•如果P是对偶∂-有效的，那么广义梯度$\partial z(w)$存在并且可以被有效地从V^*中计算出来，V^*是P所对应的ILP理想表达式对偶解的集合。

•如果P是原始-对偶∂-有效的，那么A关于w的广义梯度存在，并且可以被有效地根据上述U^*和V^*计算出来。

证明：Liu[437]中的结果表明，如果线性规划的最优值$z^*=ILP(c, A, b)$在(c, A, b)处和(c, A, b)的某个邻域内是有限的，则z^*关于c、b和A的广义梯度存在且为：

$$\partial z^*(c)=U^*,\ \partial z^*(b)=V^*,\ \partial z^*(A)=\{-vu^T:(u, v)\in U^*\times V^*\} \tag{8.6}$$

我们通过上述结果来计算组合问题所对应的LP问题的广义梯度。对于定理中的第一种情况，由定义2可知，在P所对应的LP问题中，只有代价向量c是关于参数w的（次）可微函数。由于w在参数域$\mathcal{W}$的内部，目标值在w的某个邻域上是有限的，因此：

$$\partial z^*(w)=\partial z^*(c)\frac{\partial c}{\partial w}=\frac{\partial c}{\partial w}U^* \tag{8.7}$$

其中，广义梯度$z^*(c)$存在且等于U^*。

对于第二种情况，理想表达式$ILP(c, A, b)$存在。根据定义2，我们得到以下等式：

$$\partial z^*(w) = \partial z^*(b)\frac{\partial b}{\partial w} = \frac{\partial b}{\partial w}V^* \tag{8.8}$$

第三种情况是前两种情况的直接延伸。

算法1 组合损失最小化

输入：批量 $x \subset \mathcal{X}$，$y \subset \mathcal{Y}$，网络 $F(x;\ \beta)$，函数 g 和 h，组合算法 Π

输出：损失和其所对应的广义梯度，$L(\beta)$ 和 $\partial L(\beta)$

1. procedure CombLossMin$(x,\ y,\ \beta,\ F,\ g,\ h,\ \Pi)$
2. 前向传递：$\mathcal{X} = F(x;\ \beta)$
3. 前向传递：$(c,\ A,\ b) = g(\mathcal{X},\ y)$
4. 运行组合求解器找到最优值 $z^* = \Pi(c,\ A,\ b)$ 和最优解和（或）对偶解向量 u^*，v^*
5. 前向传递：$L(\beta) = h(z^*)$
6. h 的反向传递：$\partial L/\partial z^*$
7. Π 的反向传递：$\partial z^*(c) = u^*$，$\partial z^*(b) = v^*$，$\partial z^*(A) = -v^* u^{*\mathrm{T}}$
8. g 和 F 的反向过程
9. $\partial L(\beta) = \frac{\partial L}{\partial z}\left(u^*\frac{\partial c}{\partial \beta} - v^* u^{*\mathrm{T}}\frac{\partial A}{\partial \beta} + v^*\frac{\partial b}{\partial \beta}\right)$
10. return $L(\beta)$，$\partial L(\beta)$
11. end procedure

定理1表明，黑盒组合算法可应用于指定神经网络的损失函数。对于一个由可调参数向量 β 参数化的网络 $F(x;\ \beta)$，它将批量输入样本 x 变换为其所对应的输出 $\mathcal{X} = F(x;\ \beta)$。在最广泛的原始-对偶 ∂-有效的情况下，组合问题所对应的LP问题中的参数可以用公式表示为：$(c,\ A,\ b) = g(\mathcal{X},\ y)$。其中，$g$ 是可微函数，y 是真实类别。

在参数 β 和批量输入样本 $(x,\ y)$ 给定的情况下，我们可以将关于组合问题 $g(F(x;\ \beta),\ y)$ 所对应的LP问题的最优值函数定义为损失。其具体形式为：

$$L(\beta) = h(z^*(c,\ A,\ b)) \tag{8.9}$$

算法1中总结了在函数 g 和 h 是可微的情况下，如何计算关于 β 的损失函数的广义梯度。为了方便，我们在算法1中仅考虑函数h依赖于z的情况，没有考虑h对x或y的依赖情况，但算法1关于这种情况的扩展是显然的。

8.3 实验结果与分析比较

关于如何计算组合损失的梯度，我们首先以图像识别问题为例。例如，我们有一组人物的照片，照片的标题中列出了照片中的人物信息，但没有给出人物的左右位置关系。给定一组这样标记的照片，模型是否能学会识别照片中的单个人脸？类似地，给定一组无序的购物车以及这一组购物车所对应的收据，模型是否可以通过收据来学习识别购物车内的单个购物商品？上述都是弱监督学习的例子，其目标是通过学习对从未见过的特征向量进行分类。常见的训练数据集中，每一个样本或特征向量都对应了一个正确的标签，但在弱监督学习的训练数据集中，数据以包的形式呈现，这个包由多个样本和多个可见的真实标签构成。我们不知道每个包中样本和标签之间的对应关系，这阻碍了我们直接使用标准的交叉熵损失来训练模型。

8.3.1 弱监督学习中的二分图匹配问题

一般来说，对于有d个类别的分类问题，关于样本x_j，分类模型$F\left(x_j;\ \beta\right)$返回的是$d$维的类别概率向量$p_j$，$p_j^c$则表示给定特征向量$x_j$类别$c$的预测条件概率。假设$y_j$是样本$x_j$所对应的真实标签的$d$维独热表示，若样本$j$的类别是$c$，则$y_j^c = 1$，否则$y_j^c = 0$。如果在弱监督学习的数据集中，包的大小为$b$，则每一个包由以下2个部分组成：（1）$b$个特征向量组成的元组：$X = \left(x_j\right)_{j=1}^{b}$；（2）按照排列顺序$\sigma$排列的独热向量所组成的标签元组：$Y = \left(y_{\sigma(i)}\right)_{i=1}^{b}$（元组$Y$的第$j$个元素，记作$Y_j$）。然而，$\sigma$是未知的，因此使用损失$\ell\left(p_j,\ Y_j\right) = \ell\left(p_j,\ y_{\sigma(i)}\right)$来比较模型关于样本$j$所预测的类别分布与随机排列的真实类别$Y_j$中的第$j$个元素的独热表示是没有意义的。这是因为很可能 $i \neq j$，即 $Y_j = y_{\sigma(i)}$ 是某个样本 i 对应的类别，而不是样本 j 对应的类别。

虽然上述问题中排列顺序 $\boldsymbol{\sigma}$ 是未知的，但随着样本包和相应标签包在训练中重复呈现，我们就可以得到一些能将特征向量与类别连接起来的信息。具体来说，我们可以尝试使用模型关于每个特征向量 x_j 所输出的类别概率分布 p_j 中的信息，将模型关于包中的特征向量的输出与类别标签相匹配。也就是说，我们可以通过计算平均损失 $\min_{\hat{\sigma}} \sum_{j=1}^{b} \ell\left(p_j, \hat{\sigma}(Y)_j\right)$ 找到最优排列 $\hat{\boldsymbol{\sigma}}$。如果模型所输出的类别条件概率 p_j 与独热向量完全匹配，那么最优排列 $\hat{\boldsymbol{\sigma}}$ 将是排列 $\boldsymbol{\sigma}$ 的逆，即 $\hat{\sigma}(Y)_j = y_j$。

算法2 基于二分匹配的弱监督图像分类损失

输入：$X = (x_j)_{j=1}^{b}$：由 b 个输入图像组成的包

$Y = (Y_k)_{k=1}^{b}$：按任意顺序排列，包括 b 个样本类别（独热表示）的集合

β - ResNet18的网络权重

输出：损失（最优匹配成本）和其所对应的广义梯度：$L(\beta)$ 和 $\partial L(\beta)$

1. procedure MatchBag（X，Y，β）
2. 前向传递：类别概率 $p_j = \text{Softmax}\left(\text{ResNet18}\left(x_j; \beta\right)\right)$，$j = 1, \ldots, b$
3. 前向传递：所有图像–类别对（Image-label Pair）的交叉熵 $C_{jk} = \left\langle \log p_j, Y_k \right\rangle$，$j = 1, \ldots, b$
4. 最优匹配成本和矩阵：z^*，$M^* = \text{OptMatching}(C)$，i.e. $M^* = \text{argmin}_M \langle C, M \rangle_F$，$z^* = \langle C, M^* \rangle_F$
5. 最终损失（最优匹配成本）：$L(\beta) = z^*$
6. 二分图匹配的反向过程：$\partial z^*(C) = M^*$
7. 交叉熵、Softmax和ResNet18的反向过程：$\partial L(\beta) = M^* \dfrac{\partial C}{\partial \beta}$
8. return $L(\beta)$，$\partial L(\beta)$
9. end procedure

---

b 个元素的全排列可以用 $b \times b$ 的排列矩阵 $\boldsymbol{M}$ 表示。为了计算 $\boldsymbol{M}$，我

们首先定义一个 $b \times b$ 矩阵 C：$C_{jk} = \ell(p_j, Y_k)$。其中，ℓ 是交叉熵损失：$\ell(p, y) = -\langle \log p, y \rangle$，对数 log 是按元素进行运算的；元素 C_{jk} 是二分图中边的权重，边的一端是经过神经网络处理的特征向量 x，另一端是标签 y。我们使用诸如复杂度为 $O(b^3)$ 的匈牙利算法作为组合求解器找到使 C 和 M 的 Frobenius 内积最小化的排列矩阵 $M^* = \mathrm{argmin}_M \langle C, M \rangle_F$。算法2概述了上述过程。

为了测试本章提出的方法的效果，我们使用CIFAR100作为基准图像数据集，ResNet18作为基线模型。我们用ResNet18训练了5个独立的监督模型，即在每个模型中每张图像都是一个独立的样本，其真实类别可用于损失的计算。在实验中，我们使用了带有残差模块和卷积模块的ResNet18结构，并使用CIFAR100作为基准图像数据集及其默认的拆分方式（50 000张训练图像/标签，10 000张测试图像/标签）。训练集批的大小为384。每批样本被分为若干个包，每个包都被当成一个独立的加权二分图匹配问题来解决。也就是说，如果包的大小 $b = 32$，每批样本相当于需要解决12个加权二分图匹配问题。我们使用周期性学习率来训练所有网络，其中学习率的最大值为0.1、训练周期为80次 epoch。然后，再进行另一轮周期性学习，学习率的最大值为0.05、训练周期为40次 epoch。

算法2中的组合损失由加权匹配所定义。为了评估我们的方法，为其提供了梯度能力，在训练期间，我们试验了6个不同大小的图像包，即 $b = 4$、8、12、16、24、32，每个包中还包括了图像所对应的真实但打乱的图像标签。对于 b 的不同取值，我们分别训练了5个独立模型并使用算法2来计算损失及其梯度。为了避免在计算组合损失时出现类别不平衡的情况，我们忽略那些来自不同类别的样本数量占比少于75%的包。也就是说，如果一个包的大小 $b = 8$，当这个包中来自不同类别的样本数量少于6个时，这个包将被丢弃掉。在测试过程中，与基线模型的实验一样，每张图像也都对应了计算测试误差所需的匹配标签。为了进行比较，我们使用了与cvxpylayers[429]（一个由圆锥规划定义的可用于构造可微凸优化神经网络层的方法）中相同的图像包的设置来训练模型。本章提出的方法使用组合算法来定义梯度，并仅在概念上依赖于加权二分图匹配的LP理想表达式，而cvxpylayers则通过求解LP来获得梯度。实验中，我们使用了与Dasgupta等[430]相同的组合求解器来近似组合问题的最优解向量（而不是最优值）的梯度。

在每次epoch之后，CIFAR100的训练集都会被重新洗牌成具有顺序不同的包。图8-1中的左图是每次洗牌后且模型训练完成的测试误差。结果表明，对于大小不超过12的包，基于加权二分图匹配的弱监督学习与每张图像都带有真实标签（大小为1的包）的监督学习，几乎有一样的分类效果。实验中，我们使用3种不同的方法来获取梯度：①Dasgupta等[427]提出的插值组合梯度；②可微LP方法（cvxpylayers）；③本章提出的计算目标值梯度方法。这3种方法对二分图匹配损失求梯度的结果（即错误率）都非常相似（如图8-1中的左图所示），表明这3种计算梯度的方法为网络的训练提供了相似的训练信号。使用组合求解器的2种方法比基于LP求解器的cvxpylayers更有效（如图8-1中的右图所示）。在包比较小时，基于LP的方法性能下降（训练时间增长），这是因为该方法在每次epoch时都需要求解大量的单个问题；当b比较大时，每个需要被求解的问题涉及更多的计算量。因此，基于LP求解器的cvxpylayers的性能也比较差。在使用相同组合求解器的2种方法中，本章提出的方法比Dasgupta等[428]的插值方法快1倍，这是因为Dasgupta等[428]的方法在前向传递和反向传递中都需要求解组合问题来计算解向量的梯度。上述结果表明，利用广义梯度求解组合最优化问题在训练大型神经网络时能非常有效地为其提供训练信号，并且比目前最先进的方法在训练速度上要快得多。

8.3.2 全局序列比对

在能解决复杂语言问题的seq2seq模型中使用组合损失也会收到很好的效果。我们在实验中使用了seq2seq模型标准的Encoder-Decoder结构。在输入时，encoder获取源序列，同时准备了一个上下文向量来捕获源序列。Decoder则是一个循环神经网络（Recurrent Neural Networks，RNN），它根据上下文向量和前一步的输出，每次输出可预测序列中的

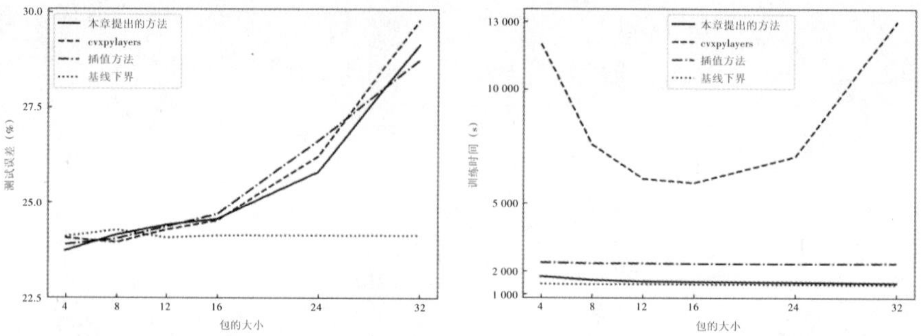

注：左图和右图的纵轴分别是测试误差（%）和训练时间（s），横轴都是数据集中包的大小。其中，基线是利用监督模型对 $b=1$ 时的数据集（每个样本都对应了其真实标签）进行分类所得。

图8-1　3种计算梯度的方法在优化二分匹配损失时分类器的训练效果对比图

一个token（词符）。Decoder在第 t 步的输出是一个关于所有可能输出的token的概率向量 p_t。现有的Encoder-Decoder模型通过对预测概率 p_t 与在位置 t 的目标单词 y_t（被编码为独热向量）进行比较来计算交叉熵损失。针对具体位置的交叉熵损失是一种词符级的优化方式，不是序列级（Sequence-level）的优化方式。我们假设针对具体位置的交叉熵损失对使用Softmax或Gumbel-Softmax[430]的可微seq2seq模型的训练过程有不利影响，如一个循环模型几乎学会了正确地输出目标句子，但它仍然对句子开头的一个单词预测有误，那么这个循环模型在这个预测错误单词之后的所有单词处的损失都会变得很高。实际上，在纠正预测错误的单词时，我们应该保留模型的大部分并专注于被预测错误的单词。但是，如果使用了针对具体位置的损失（每个位置的单词都需要准确预测），所有被预测错误的单词之后的输出都会被认为是错误的，需要被更正。

如果我们将全局序列比对（Global Sequence Alignment，GSA）作为损失，则可以很自然地处理输出序列中的Gap（间隙）或假词。GSA是一个组合问题：2个序列通过选择来比对，每个选择都有一个代价（如图8-2所示）。也就是说，在每个位置，将一个序列中的token匹配到另一个序列中的token，或者在2个序列中的其中一个里引入一个Gap。在seq2seq建模中，将Decoder位置 i 的输出匹配到目标序列位置 k 的token的匹配代价是 $\langle -\log p_i, y_k \rangle$。我们以促进缩小Gap为目的来定义Gap的代价，即图8-2中水平或垂直移动的成本。具体来说，从Gap的位置开始，使用按对角线移动的代价作为间隙的代价，并对其乘以一个大于1的标量γ，从而使模型在训练时优先考虑缩小Gap而不是提升token的匹配。在实验中，我们使用$\gamma = 1.5$。GSA问题可以表述为一个有p个变量和$m + 1$个约束条件的LP问题，移动的代价形成约束条件的右端。根据定理1，最小GSA关于匹配代价和Gap代价的广义梯度是有效可用的。

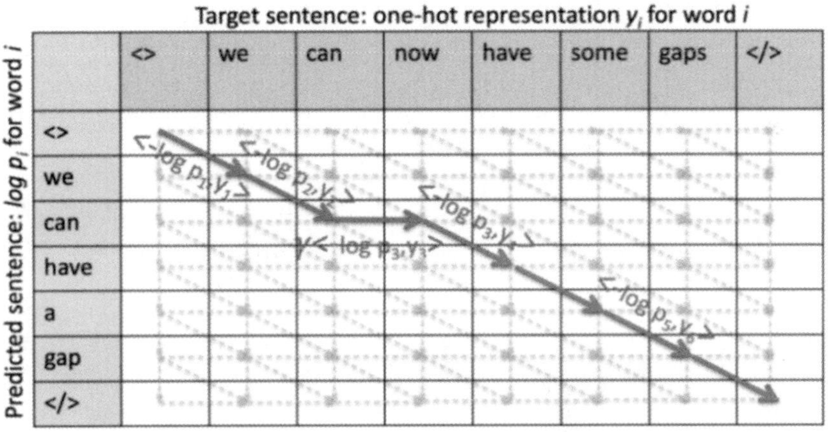

注：目标句子（Target Sentence）与RNN模型所预测的句子（Predicted Sentence）之间的GSA路径是一个有向无环图。除了序列结束指示符</>外，每个节点都有3个出度：（1）对角边：预测序列与目标序列之间的匹配；（2）水平边：预测的序列中的Gap；（3）垂直边：目标序列中的Gap。

图8-2 目标句子与RNN模型所预测的句子之间的GSA路径

在与GSA相关的实验中，seq2seq使用的结构是Encoder-Decoder（其中，Encoder是双向RNN，Decoder是基于注意力机制的RNN），并使用PyTorch-Texar进行模型的搭建。另外，Encoder和Decoder都使用了：①包含256个神经元、丢弃率为0.2的隐藏层；②大小为128的批量；③学习率为0.001的Adam优化器。在RNN中，对于Softmax和Gumbel-Softmax这2个激活函数，我们都使用了模拟退火算法，并选择了与Djolonga等[439]一样的设置方式来设置其中的温度参数τ。具体来说，我们从$\tau = 5$开始，每经过一次epoch，将τ减少0.5，直至达到1.0，最后将其固定在1.0。

目前，在自然语言处理领域，基于大型预训练的自注意力模型是最先进的，而我们实验中使用的上述模型的结构在ROUGE指标方面的表现虽不是最佳的，但它在训练中更有效，并且能更方便地在实验中试验不同的损失函数。推理过程中，我们使用了集束搜索。训练过程中，我们使用2种能使Decoder变成可微的方法：①将Softmax层输出的概率应用于RNN的输出并直接作为RNN的递归输入；②RNN的输入由基于RNN输出的Gumbel-Softmax分布[429]抽样得出，这种方法是对独热、单个token输出所服从的分类分布（Categorical Distribution）的近似。对于上述2种情况，我们都使用单词级极大似然估计（Maximum Likelihood Estimate，MLE），即RNN中Softmax层实际输出的概率向量与该位置所期望的目标单词之间的交叉熵损失，作为与基于GSA的损失进行比较的基线，并根据实验结果对组合GSA损失进行评估。实验中，我们以seq2seq模型解决文本摘要这个任务为例，使用GIGAWORD数据集和Napoles提出的数据预处理方式，并用测试集的ROUGE-1、ROUGE-2和ROUGE-L3个评价指标作为摘要质量的衡量标准。

表8-1是基于GIGAWORD数据集的文本摘要任务的实验结果。评价指标分别是ROUGE-1、ROUGE-2、ROUGE-L和3种指标的总和ROUGE-Total。损失类型分别是：①针对特定位置的交叉熵损失（MLE）；②cvxpylayers[429]（GSA-C）；③应用于GSA的插值组合梯度[437]（GSA-I）；④本章提出的组合方法（GSA-L）。表8-1中的结果以mean（std.dev）形式呈现。其中，mean是5次在不同随机种子下实验独立运行所得评价指标的均值，std.dev是5次实验结果的标准差。表8-1中评价指标的数值是模型在验证集上取得最小ROUGE-Total值的epoch所对应的测试集值。Time是每次epoch的运行时间。

结果表明，与使用基线损失（针对具体位置的单词级交叉熵极大似然）的训练相比，基于GSA的损失在所有3个ROUGE评价指标中都取得了更好的文本摘要结果（以可微方式向RNN提供递归输入的Softmax和Gumbel-Softmax方法的结果都是如此）。当我们的方法被用于计算最佳比对分数的梯度时，准确性的增加是以训练时间翻倍为代价的。当使用插值方法[432]求解最优比对路径的梯度时，我们可以观察到指标

表8-1　基于GIGAWORD数据集的文本摘要任务的实验结果

损失类型	ROUGE-Total	ROUGE-1	ROUGE-2	ROUGE-L	epoch	Time
Softmax						
MLE	72.80（0.38）	32.45（0.15）	1.95（0.22）	28.39（0.20）	18.4（1.5）	8 min
GSA - C	32.18	17.04	2.49	12.65	3	9 hr
GSA - I	75.87（0.82）	33.94（0.31）	2.03（0.35）	29.90（0.32）	13.4（3.4）	32 min
GSA - L	76.36（0.60）	34.05（0.21）	12.31（0.20）	29.99（0.24）	15.4（2.5）	17 min
Gumbel-Softmax						
MLE	67.50（0.20）	31.25（0.18）	9.72（0.26）	26.52（0.08）	18.0（2.8）	9 min
GSA - I	73.36（0.33）	33.44（0.16）	10.90（0.05）	29.01（0.14）	14.8（2.3）	32 min
GSA - L	72.62（0.51）	33.25（0.15）	10.60（0.22）	28.77（0.17）	14.0（1.9）	17 min

（损失）略微降低，但插值方法进一步增加了训练时间。与最近提出的cvxpylayers方法相比，本章提出的组合方法更准确有效：①cvxpylayers方法的运行时间要慢几个数量级；②cvxpylayers求解器在训练初期的几次epoch可以较为有效地减少训练损失，之后该求解器便开始出现错误，学习过程开始发散。为了确认上述实验结果，我们对使用了Softmax的模型执行了3次额外的基于cvxpylayers的训练。在所有情况下，损失从最初的90~95之间下降到50左右，之后增加到500或更多。我们发现，所提出的组合损失方法和标准交叉熵方法在第10次epoch之前，损失的数值为30~32。

8.4　相关工作对比

现阶段面向大规模组合优化问题的求解方案中，传统的启发式方案很难保证求解质量，而SCIP、Gurobi等这类国际公认的主流求解器，也在问题规模无限扩大的情况下无法满足求解时效性的要求。本章针对组合优化问题提出一种基于梯度下降的训练模型的方法，与现有的近似求解器和方法相比，本章所提方法具有运行速度快、稳定性高等特点。

Mensch 等[414] 提出了一种用于次模函数最大化的近似求解器，该求解器使用可微元素，并通过求解器进行微分计算。Chang 等[415] 对动态规划的可微求解器进行了改进，将其中的取大运算替换为平滑极大算子。类似的方法还有 Pogančić 等[416] 提出的可用于可微动态时间规整。上述方法通过在组合算法中引入可微操作来求得 LP 问题的解，而一些文献中则使用微分近似求得线性规划问题的解。例如，seq2seq-OT 通过近似词嵌入之间的最优传输（Optimal Transport）来求得线性规划问题的解。WGAN-TS 首先通过求解 LP 来获得准确的经验 Wasserstein 距离，然后为了规避 LP 缺乏可微性的问题，WGAN-TS 通过训练一个神经网络来近似 LP 的解以获得梯度。上述近似方法仅限于特定的问题，并且不适用于现有的组合求解器。

此外，还有一类依靠插值来计算组合问题解向量（我们的方法中是最优值）梯度的方法，这些解向量是通过组合求解器获得的。这类插值方法与本章提出的方法类似，同样使用了现成的黑盒组合算法。然而，与我们的方法相比，这类方法需要执行 2 次求解器：第一次是前向阶段；第二次在反向阶段需要对一个轻微的扰动问题执行一次。实验结果中表明，与我们的方法相比，2 次执行求解器造成了 2 倍的计算开销。

我们还可以在训练神经网络中使用数学规划求解器。OptNet 提供了可微的二次规划层和一个有效的基于 GPU 的批处理求解器 qpth。cvxpylayers[429] 将上述方法推广到可表示为锥规划的一类广泛的凸优化问题（包括 QP 和 LP 特殊情况），其求解速度与 qpth 求解二次规划问题相当。cvxpylayers 使用了基于 ADMM 的锥求解器，并提供了一个基于易于使用的 cvxpy 接口的通用包。二次平滑被用于次模集函数最小化（Djolonga 等[434]）。上述方法都依赖于二次或线性规划求解器，从而增加了对组合问题的求解时间。本章所提方法仅将线性规划作为一个理论工具来定义一个从组合问题的解到其目标值梯度的映射，并仅通过执行一次组合算法得到组合问题的解。实验表明，与使用数学规划的方法相比，我们的方法不仅运行速度快，而且不受数值不稳定和收敛性问题的影响。

8.5 本章小结

本章针对监督学习中的组合问题提出一种基于梯度下降的训练模型的方法。首先，我们证明了对于可表示为整数线性规划问题的有效可解的组合问题，其目标值关于问题中的实数值参数的广义梯度存在，并依此提出一种基于广义梯度的、可以经过单次运行有效解决组合问题的黑盒组合算法。其次，我们通过实验验证，所提出的算法在应用于解决文本摘要任务时，可以为使用Softmax或Gumbel-Softmax的可微Encoder-Decoder模型提供句子层面的组合损失。实验结果表明，利用广义梯度求解组合优化问题能有效地为训练大型神经网络提供训练信号，且可以比目前最先进的方法训练速度要快得多。在只有以数据包形式存在的弱监督训练数据时，所提出的算法可以为分类模型的训练提供多元素组合损失，与cvxpylayers等方法相比，训练过程更加稳定、实验结果更加准确有效。

9 总结与未来展望

近年来，基于深度学习的时间序列特征表示与预测方法受到了广泛关注。深度学习模型，尤其是RNN、LSTM和CNN，在时间序列分析中表现出强大的能力。这些模型能够自动从数据中提取复杂特征，捕捉长时依赖关系和非线性模式，从而提高预测性能。

RNN是处理序列数据的经典深度学习模型，能够通过循环连接捕捉序列中的时间依赖关系。然而，RNN在处理长期依赖时面临梯度消失和梯度爆炸问题。为解决这一问题，LSTM被引入。LSTM通过记忆单元和门控机制，有效地捕捉和保留长期依赖信息，避免了梯度消失问题。这使得LSTM在股票价格预测、气象预报和能源消耗预测等时间序列任务中表现出色。除了RNN和LSTM外，CNN也被广泛应用于时间序列特征的提取和预测。尽管CNN通常用于图像处理，但在时间序列分析中同样表现优异。通过一维卷积操作，CNN能有效提取时间序列中的局部模式和特征。此外，CNN的并行计算能力使其在处理大规模数据时具有显著优势。

近年来，基于注意力机制的模型，如Transformer模型，也被引入时间序列预测。Transformer模型通过自注意力机制捕捉序列中不同位置之间的依赖关系，避免了传统的 RNN 结构中的序列计算问题。这不仅提高了模型的并行处理能力，还增强了对长距离依赖关系的捕捉能力。因此，Transformer模型及其变种在时间序列预测中取得了显著效果。深度学习模型在时间序列分析中的另一个重要应用是多步预测（Multi-Step Forecasting）。传统方法通常只能进行单步预测，而深度学习模型可以通过迭代预测或Seq2Seq模型实现多步预测。

此外，基于GNN的时间序列预测方法近年来受到了越来越多的关注。GNN 能够捕捉数据之间复杂的非欧几里得关系，非常适合处理具有空间或网络结构的时序数据。例如，在交通流量预测中，道路网络可以被表示为图结构，其中节点代表路口或道路段，边表示道路的连接关系。GNN 通过在图结构上进行卷积操作，有效地整合空间依赖和时间依赖信息，从而提升预测精度。具体而言，时空图卷积网络（Spatio Temporal Graph Convolution Networks，STGCN）等模型结合了 GCN 和时序模型（如 LSTM 或 GRU），在时间和空间维度上进行特征提取。这种方法不仅能够捕捉节点自身的时间动态，还能利用邻近节点的信息进行联合预测。此外，基于注意力机制的 GNN 模型进一步提升了对复杂关系和长距离依赖的捕捉能力。总体而言，基于 GNN 的时间序列预测方法为处理具有复杂关系的时序数据提供了强有力的工具。

深度学习模型在时间序列特征表示与预测方面的成功还得益于数据增强和迁移学习等技术。数据增强通过生成新的训练样本，提高模型的泛化能力，如通过噪声、时间平移等方式增强时序数据。迁移学习则利用预训练模型在相似任务上的知识，将其应用于目标任务，从而在数据有限的情况下仍能取得良好的预测性能。

总之，基于深度学习的时间序列特征表示与预测方法具有显著优势。RNN、LSTM、CNN、GNN和Transformer等模型通过自动提取特征、捕捉复杂模式和长时依赖关系，显著提升了时间序列预测的准确性。随着深度学习技术的不断发展，其在时间序列分析中的应用将更加广泛和深入。本研究主要探讨了基础深度学习方法和图深度学习方法在时间序列特征表示和预测中的应用，并结合不同方法对时序数据进行特征表示和预测，使得新方法能够准确、快速地进行时间序列预测。研究成果可以广泛应用于经济、金融、电子信息、医疗卫生等领域，为具体的管理工作提供了决策依据和技术支持。

9.1 主要结论

第1章详细介绍了基于域变换和深度学习的时间序列特征表示方法，分析了这些方法在处理高维、复杂和动态时序数据中的优势。时间序列预测在决策支持、风险管理、资源优化配置、健康管理和技术进步等方面具有重要作用。特征表示在提高预测模型性能中起着关键性作用，有效的特征表示能够捕捉时间序列中的主要信息，降低数据的复杂性，从而提高预测模型的性能。

第2章主要探讨了深度学习方法在时间序列预测中的应用。首先，介绍了时间序列预测及其数学基础。其次，描述了当前主要的深度学习架构，包括FNN、RNN和CNN，分析了它们的优缺点。最后，讨论了深度学习在时间序列预测中模型的超参数设置和框架选择问题，并详细介绍了多种深度学习架构在时间序列预测中的应用。此外，还探讨了这些架构在不同应用领域中的实际应用，并总结了用于深度学习模型开发的框架和库。

第3章提出了一种创新的平移不变神经网络结构用于时间序列预测，主要通过扩展层结合自编码器网络实现对时序数据的全局特征提取。首先，基于基2-FFT算法，提出了通过归一化线性变换和非线性变换组合来获取全局线性和非线性特征的扩展层，解决了现有方法无法整体观察时序形态趋势变化和对异常值及噪声敏感的问题。其次，将该扩展层嵌入自编码器网络，通过样本间距离自动提取低维不变特征和全局相似性，解决了高维时序数据挖掘时间呈指数级增加的问题。最后，在多个现实世界中的时序数据集上进行了实证分析，结果显示该方法在几乎所有情况下均表现出优异的预测性能，证明了其在多元时间序列预测中的有效性和泛化能力。

第4章根据集成学习的思想，提出了一种基于神经网络的金融时间序列预测模型ARMA-CNN-LSTM。该模型结合了CNN、LSTM和自回归移动平均模型，通过CNN-LSTM模型对数据的时空特征进行建模，并利用ARMA模型对数据的自相关特征进行建模，实现了对金融时序数据中线性和非线性特征的混合建模。实验结果显示，与基准模型相比，ARMA-CNN-LSTM模型在预测精度和鲁棒性方面表现出色，可以更准确地建模和预测金融时序数据。

第5章深入探讨了图时间序列模型在深度学习中的应用。这些模型将时间序列分析与图建模相结合，以处理复杂的时间序列任务。时间序列和图在许多领域中广泛存在，如交通流量预测、金融市场分析和网络安全等。通过结合时间序列和图的特性，这些模型能够更准确地捕捉数据中的时间依赖性和空间关系。首先，介绍了图时间序列模型的基础理论和发展背景，并将这些模型分为2大类：图卷积神经网络和图注意力神经网络。每一类模型又进一步根据其属性和应用进行分类。在GAT模型方面，详细介绍了其工作原理和应用场景。GAT模型通过引入注意力机制，能够自适应地学习节点间的权重，从而在捕捉节点之间复杂关系的同时，提高了模型的可解释性。其次，讨论了多种混合模型，这些混合模型将GCN和GAT的优势结合起来，以提高预测的精度和鲁棒性。另外，还对比了不同模型在多个常用数据集上的性能，如交通流量数据集METR-LA和PEMS-BAY以及水处理数据集SWAT和WADI。通过对实验结果的分析，总结了各种模型在不同任务中的优劣，并提供了改进模型性能的可能方法。最后，讨论了未来研究的潜在方向，如设计更高效的图结构学习方法、针对大规模数据的可扩展模型以及更具解释性的模型。通过提供详细的模型分类、性能对比和应用场景分析，为研究人员在图时间序列模型领域的进一步研究提供了宝贵的参考和指导。

第6章提出了一种基于GNN的多元时间序列预测模型MTSGNN，旨在解决传统方法中忽略样本间相互依赖性的问题。多元时间序列预测在经济、交通等领域有着广泛应用，但由于时序数据样本之间存在复杂的依赖关系，传统的模型在捕捉这些关系时往往表现不足。为此，MTSGNN引入了图学习模块，通过数据驱动的方法自动捕捉时序数据中的静态和动态关系。静态图学习利用注意力机制提取不同时序样本间的潜在相关性，动态图学习通过距离网络捕捉不同时序样本之间的动态关系。为了融合这2种信息，模型设计了图交互模块，使得静态图和动态图的结构信息能够相互补充和收敛，从而提升预测效果。实验结果表明，MTSGNN在6个真实数据集上的预测性能显著优于现有的基线模型，特别是在处理复杂的多元时序数据时表现突出。相比其他模型，MTSGNN不仅提高了预测准确性，还展示了较高的运算效率和参数优化能力。通过详细的实验对比，MTSGNN验证了融合静态和动态信息在多元时间序列预测中的重要性和有效性。总体来说，本章提出的MTSGNN模型为多元时间序列预测提供了一种创新的解决方案，具有较强的实际应用价值。

第7章提出了一种基于动态图的时间序列预测方法，旨在解决传统的时空模型假设空间结构静态的问题。本章提出的方法Dyn-STGCN和Dyn-GWN结合了时变邻接空间上的时间卷积和张量图卷积层，能有效地捕捉图的动态变化，并展示了模型在多个领域数据集上的有效性。通过比较，Dyn-STGCN的预测性能明显优于静态图模型GWN和传统的统计方法，Dyn-GWN在所有评估指标上均优于静态图模型GWN，并且在预测性能上显著超过了其他动态图模型。此外，Dyn-GWN的训练和推理速度远快于EvolveGCN，显示了其在计算效率上的巨大优势。通过对这些实验的验证，发现本章提出的基于动态图的时间序列预测方法在处理复杂动态关系方面展示了强大的能力，这为未来在金融、交通等领域的时间序列预测提供了一个有效且高效的工具，也为进一步研究提供了新的方向。

第8章提出了一种基于广义梯度的组合优化问题求解方法，旨在解决线性目标函数组合问题在实际应用中的不可微难题。该方法利用黑盒组合算法，通过单次运行有效计算出目标值的广义梯度。具体来说，对于整数线性规划问题，其目标值关于问题中的参数的广义梯度存在，并能被有效计算。通过实验，验证了该方法在2个应用中的有效性：弱监督图像分类和使用SoftMax或Gumbel-SoftMax的可微Encoder-Decoder结构的全局序列比对问题。在弱监督图像分类实验中，算法通过二分匹配方式，利用组合优化问题的目标值梯度，提供多元素损失，有效解决了传统的交叉熵损失在标签不明确情况下的局限性。在全局序列比对实验中，通过将序列比对问题转化为ILP问题，并计算匹配代价和Gap代价的广义梯度，实现了对文本摘要任务的优化。实验结果显示，与现有方法相比，本章提出的方法在训练过程中更稳定、预测性能更准确高效。此外，与现有文献对比，还指出了传统的启发式方法和主流求解器在大规模组合优化问题上的不足，并展示了广义梯度方法的优越性。总之，不仅在理论上证明了本章提出的方法的有效性，还在实际应用中展示了其快速、稳定和高效的优势。

9.2 未来展望

本节将对时间序列的开放挑战进行讨论，并概述未来具有前景的研究方向：

（1）时间序列标注与主动学习

时序数据的复杂性和长度显著增加了人工标注的成本。由于领域特殊性和缺乏公开可访问的资源，获取带注释的时间序列具有挑战性。即使是领域专家也可能很难提供一致的注释。例如，脑电图数据通常是冗长的，需要医生对每个注释在多个专家之间达成共识的情况下识别异常。智能工厂传感器中的异常检测等应用也需要这种水平的专业知识，这使得过程耗时耗力。

深度学习社区的努力旨在解决标签稀疏问题，特别是通过主动学习。该方法通过选择信息量最大的未标记实例并将其提交给专家进行注释来最小化标记成本。主动学习涉及开发一种查询策略，根据预定义的标准（如信息量和多样性）对接下来标记的数据点进行优先级排序。该过程通过使用初始标签训练模型，选择信息量最大或最多样化的未标记数据点进行标记，重新训练模型，并重复此循环，直到达到某个性能阈值（如注释预算）。因此，利用主动学习技术开发一种有效的时序表示学习标注过程，从而获得更鲁棒的监督信号，有望成为一个有前途的研究方向。

（2）分布漂移和适应

训练数据和测试数据之间的分布变化是导致训练模型在测试阶段表现出低性能的因素之一。当时间序列模型进行连续测试时，特别是在模型部署过程中，由于未见过的时序数据的积累，可能会出现突发的、渐进的、增量的、循环的各种形式的概念漂移。由于训练阶段使用的源域和测试阶段使用的目标域之间的差异，也可能会出现域漂移问题。

鉴于概念漂移和域漂移导致的分布漂移是降低模型性能的因素，之前的研究重点是概念漂移适应和域漂移适应，以解决特定下游任务中的这些变化，如分类、异常检测和预测。在测试阶段处理分布变化对学习各种下游环境的表示也是至关重要的。因此，研究人员应该考虑未来的方向为发展基于差异和对抗性的通用表示学习方法。

（3）可靠的数据增强

确定合适的数据增强类型与程度至关重要，因为微小的变化可能会显著改变时间序列的原始特征。各种技术，包括抖动、移位、缩放和扭曲，已被用于时间序列表示学习。然而，这些技术的可靠性还没有被充分探索。随着对比学习等新的学习范式的出现，数据增强的重要性增加。数据增强不仅可以扩展数据集的规模，还可以提供多样化的类不变特征。不幸的是，目前大多数技术更多地关注数据增强的演变作用，往往忽略了其基本任务，即保持原始数据特征的完整性。现有许多研究仍然依赖于经验方法来确定数据增强。因此，一个有前途的方向是设计一种时序数据增广的评估方法，以评估选择潜在的最优增广策略的可靠性和有效性。

（4）神经结构搜索（Neural Architecture Search，NAS）

为通用表示学习制作高效的深度学习模型是具有挑战性的，因为它非常辛苦地依赖烦琐的人工试错来设计网络架构，并选择与我们讨论的3个设计元素相关的超参数。低效的手工设计将不可避免地涉及人类的偏见，从而导致次优的架构。因此，通过自动设计神经架构和网络超参数来发现最佳架构，如层数、网络类型、嵌入维度和隐藏维度。这些配置会显著影响表示学习的质量和下游任务的性能。尽管NAS已经在计算机视觉和自然语言处理的各种任务中展示了其效果，但时间序列的

NAS仍未得到充分探索。对于特定的时间序列分析任务，只有NAS方法，如预测和分类，因此泛化能力非常有限。自动发现跨下游任务表现良好的通用时间序列表示学习的神经架构是一个重要的方向，特别是对于每天新生成的高维的大量的工业规模时序。

（5）大语言和基础模型

如今，许多跨不同领域的大语言模型（Large Language Model，LLM）已经显著改变了自然语言处理和计算机视觉的格局。将LLM集成到时间序列表示学习中，使得模型能够捕捉嵌入在这些时间依赖模式中的丰富含义。上下文和时间依赖之间的协同作用，还允许模型识别数据中的复杂关系，实现更好的鲁棒性和细粒度的表示。LLM的应用，如零样本学习、小样本学习和微调，已展示出与现有深度学习方法相媲美的性能。我们注意到，目前很多研究人员正在尝试利用LLM进行时间序列分析，但大多数模型仅限于预测任务。因此，在时间序列表示学习中使用LLM，有望通过准确捕获时间序列中与时间相关的模式来提高嵌入质量。我们期望未来关于将时序表示与语言嵌入对齐的研究，不只是在单模态时间序列领域中，而是在多模态或多元时间序列领域中提供有价值的见解。

（6）非规则采样时间序列的表示

不规则时间序列自然地出现在现实世界的各个领域，包括金融、医疗保健和环境观察。这种不规律通常源于零星的观测和系统故障。然而，有效管理不规则采样的时间序列已被证明具有挑战性，因为现有的深度学习模型最初是为规则间隔的自然语言数据设计的。早期的尝试如GRU-D修改现有的深度模型以处理不规则的时间序列。另一种是使用Neural ODE来学习连续的向量空间以表示不规则的时间序列。虽然神经微分方程（Nueral Differential Equations，NDEs）的概念与不规则时间序列很好地吻合，但这些方法仍然有局限性。首先，由于使用Runge-Kutta方法进行积分计算，因此NDEs的训练时间可能不稳定；其次，NDEs的隐状态必须是可微的要求限制了它表示高频时间序列的能力。与NDEs相比，修改注意力或采用插值来解决不规则时间序列的方法则显示出了令人满意的结果。除了以模型为中心的方法外，我们预测不规则时间序列的一个潜在研究方向是以数据为中心的方法。与常规的时序数据集不同，不规则时间序列可能包含多种常被以往研究忽略的不规则原因。例如，医疗数据可能因传感器故障而表现出不规则性，而金融数据（如信用卡交易）可能由于其基于事件的偶发性质而包含不规则性。通过将不规则原因的理解融入学习过程中，可以获得不规则时间序列更精确的表示。

（7）多模态多视图表示学习

CLIP和ALIGN等视觉-语言模型通过利用人类语言语义，在零样本学习和对各种视觉相关的下游任务进行微调方面表现出了卓越的性能。如果时序数据包含人类可理解的语义，则可以通过使用人类语言作为注释它们的额外模态来对时间序列进行多视图表示。因此，从时间序列-语言表示学习中学习到的表示将变得更具表现力和语义粒度更细。例如，人类活动数据或时间序列异常都可以根据人体运动和异常情况的上下文用人类语言进行描述。然而，与可以利用视觉-语言预训练模型进行注释的视频表示学习不同，用人类语言注释时序数据可能是费力的和高度领域特异性的。因此，构建一个大型的多模态时序-文本数据集将是一个有希望的探索方向。

参考文献

[1] PLAGERAS A P E , PSANNIS K E, STERGIOU C, et al. Efficient IoT based sensor big data collection—processing and analysis in smart buildings [J] . Future Generation Computer Systems, 2018 (82): 349-357.

[2] PATIL H P, ATIQUE M. CDNB: caviar - dragonfly optimization with naive Bayes for the sentiment and affect analysis in social media [J] . Big Data, 2020, 8 (2): 107-124.

[3] GAMA J. Knowledge discovery from data streams [M] . Boca Raton: CRC Press, 2010.

[4] AL-JARRAH O Y, YOO P D, MUHAIDAT S, et al. Efficient machine learning for big data: a review [J] . Big Data Research, 2015, 2 (3): 87-93.

[5] DHAR V, SUN C, BATRA P. Transforming finance into vision: concurrent financial time series as convolutional nets [J] . Big Data, 2019, 7 (4): 276-285.

[6] NGUYEN G, DLUGOLINSKY S, BOBÁK M, et al. Machine learning and deep learning frameworks and libraries for large-scale data mining: a survey [J] . Artificial Intelligence Review, 2019 (52): 77-124.

[7] MAJI P, MULLINS R. On the reduction of computational complexity of deep convolutional neural networks [J] . Entropy, 2018, 20 (4): 305.

[8] SCHMIDHUBER J. Deep learning in neural networks: an overview [J]. Neural Networks, 2015 (61): 85–117.

[9] MAKRIDAKIS S, WHEELWRIGHT S C, HYNDMAN R J. Forecasting methods and applications [M]. Hoboken: John Wiley & Sons, 2008.

[10] CHATFIELD C, XING H. The analysis of time series: an introduction with R [M]. Boca Raton: Chapman and Hall/CRC, 2019.

[11] BOX G E P, JENKINS G M, Reinsel G C, et al. Time series analysis: forecasting and control [M]. Hoboken: John Wiley & Sons, 2015.

[12] MARTÍNEZ-ÁLVAREZ F, TRONCOSO A, ASENCIO-CORTÉS G, et al. A survey on data mining techniques applied to electricity-related time series forecasting [J]. Energies, 2015, 8 (11): 13162–13193.

[13] ZHANG Q T, YANG L T, CHEN Z, et al. A survey on deep learning for big data [J]. Information Fusion, 2018 (42): 146–157.

[14] FAWAZ H I, FORESTIER G, WEBER J, et al. Deep learning for time series classification: a review [J]. Data Mining and Knowledge Discovery, 2019, 33 (4): 917–963.

[15] BAGNALL A, LINES J, VICKERS W, et al. The UEA & UCR time series classification repository [DB/OL]. [2017-05-11]. http://www.timeseriesclassification.com.

[16] MAYER R, JACOBSEN H A. Scalable deep learning on distributed infrastructures: challenges, techniques, and tools [J]. ACM Computing Surveys (CSUR), 2020, 53 (1): 1–37.

[17] BUUREN S V. Flexible imputation of missing data [M]. Boca Raton: CRC Press, 2018.

[18] TYLER D E. Robust statistics: theory and methods [M]. Thames: Taylor & Francis, 2008.

[19] FU T C. A review on time series data mining [J]. Engineering Applications of Artificial Intelligence, 2011, 24 (1): 164–181.

[20] DOUC R, MOULINES E, STOFFER D. Nonlinear time series: theory, methods and applications with R examples [M]. Boca Raton: CRC Press, 2014.

[21] HYNDMAN R J, ATHANASOPOULOS G. Forecasting: principles and practice [M]. Melbourne: OTexts, 2018.

[22] WANG X, KANG Y, HYNDMAN R J, et al. Distributed Arima models

for ultra-long time series [J]. International Journal of Forecasting, 2023, 39 (3): 1163–1184.

[23] RAKTHANMANON T, CAMPANA B, MUEEN A, et al. Addressing big data time series: mining trillions of time series subsequences under dynamic time warping [J]. ACM Transactions on Knowledge Discovery from Data (TKDD), 2013, 7 (3): 1–31.

[24] TORRES J F, GALICIA A, TRONCOSO A, et al. A scalable approach based on deep learning for big data time series forecasting [J]. Integrated Computer-Aided Engineering, 2018, 25 (4): 335–348.

[25] GALICIA A, TALAVERA-LLAMES R, TRONCOSO A, et al. Multi-step forecasting for big data time series based on ensemble learning [J]. Knowledge-Based Systems, 2019 (163): 830–841.

[26] TALAVERA–LLAMES R, PÉREZ–CHACÓN R, TRONCOSO A, et al. Big data time series forecasting based on nearest neighbours distributed computing with spark [J]. Knowledge–Based Systems, 2018 (161): 12–25.

[27] TALAVERA–LLAMES R, PÉREZ–CHACÓN R, TRONCOSO A, et al. MV–KWNN: a novel multivariate and multi–output weighted nearest neighbours algorithm for big data time series forecasting [J]. Neurocomputing, 2019 (353): 56–73.

[28] PÉREZ–CHACÓN R, ASENCIO–CORTÉS G, MARTÍNEZ– ÁLVAREZ F, et al. Big data time series forecasting based on pattern sequence similarity and its application to the electricity demand [J]. Information Sciences, 2020 (540): 160–174.

[29] RUMELHART D, HINTON G, WILLIAMS R. Long short-term memory [J]. Nature, 1986 (323): 533 - 536.

[30] ELMAN J L. Finding structure in time [J]. Cognitive Science, 1990, 14 (2): 179–211.

[31] SCHMIDHUBER J, HOCHREITER S. Long short-term memory [J]. Neural Computation, 1997, 9 (8): 1735–1780.

[32] CHUNG J, GULCEHRE C, CHO K, et al. Empirical evaluation of gated recurrent neural networks on sequence modeling [C]. In NIPS 2014 Workshop on Deep Learning, 2014.

[33] CHO K, MERRIËNBOER B V, BAHDANAU D, et al. On the properties of neural machine translation: encoder-decoder approaches

[C]. In Proceedings of SSST-8, Eighth Workshop on Syntax, Semantics and Structure in Statistical Translation, 2014: 103.

[34] BAHDANAU D, CHO K H, BENGIO Y. Neural machine translation by jointly learning to align and translate [C]. In 3rd International Conference on Learning Representations, 2015.

[35] XU K, BA J, KIROS R, et al. Show, attend and tell: neural image caption generation with visual attention [C]. In International Conference on Machine Learning, 2015: 2048-2057.

[36] FUKUSHIMA K. Neocognitron: a self-organizing neural network model for a mechanism of pattern recognition unaffected by shift in position [J]. Biological Cybernetics, 1980, 36 (4): 193-202.

[37] ZHANG W, HASEGAWA A, Matoba O, et al. Shift invariant neural network for image processing: learning and generalization [J]. In Applications of Artificial Neural Networks III, 1992 (1709): 257-268.

[38] ALLA S, ADARI S K. Beginning anomaly detection using python-based deep learning [M]. Berlin: Springer, 2019.

[39] ABADI M, BARHAM P, CHEN J, et al. TensorFlow: a system for large-scale machine learning [C]. In Proceedings of the 12th USENIX Conference on Operating Systems Design and Implementation, 2016: 265-283.

[40] CANDEL A, PARMAR V, ERIN LEDELL E, et al. Deep learning with H_2O [M]. Mountain View: H_2O. ai Inc., 2016: 1-21.

[41] KARIM M R. Java deep learning projects: implement 10 real-world deep learning applications using Deeplearning4j and open source APIs [M]. Birmingham: Packt Publishing Ltd., 2018.

[42] PASZKE A, GROSS S S, MASSA F, et al. PyTorch: an imperative style, high performance deep learning library [C]. Advances in Neural Information Processing Systems, 2019: 32.

[43] JIA Y, SHELHAMER E, DONAHUE J, et al. Caffe: convolutional architecture for fast feature embedding [C]. In Proceedings of the 22nd ACM International Conference on Multimedia, 2014: 675-678.

[44] BAHRAMPOUR S, RAMAKRISHNAN N, SCHOTT L, et al. Comparative study of deep learning software frameworks [DB/OL]. [2016-03-30]. https://arxiv.org/abs/1511.06435.

[45] TOKUI S, OKUTA R, AKIBA T, et al. Chainer: a deep learning

framework for accelerating the research cycle [C]. In Proceedings of the 25th ACM SIGKDD International Conference on Knowledge Discovery & Data Mining, 2019: 2002-2011.

[46] AL-RFOU R, ALAIN G, ALMAHAIRI A, et al. Theano: a python framework for fast computation of mathematical expressions [DB/OL]. [2016-05-09]. https://arxiv.org/abs/1605.02688.

[47] CHEN T, LI M, LI Y, et al. MXNet: a flexible and efficient machine learning library for heterogeneous distributed systems [DB/OL]. [2015-12-03]. https://arxiv.org/abs/1512.01274.

[48] Bai J, LU F, ZHANG K, et al. ONNX: open neural network exchange [CP/OL]. [2019-10-02]. https://github.com/onnx/onnx.

[49] SEIDE F, AGARWAL A. CNTK: microsoft's open-source deep-learning toolkit [C]. In Proceedings of the 22nd ACM SIGKDD International Conference on Knowledge Discovery and Data Mining, 2016: 2135.

[50] GULLI A, PAL S. Deep learning with Keras [M]. Birmingham: Packt Publishing Ltd., 2017.

[51] GOOGLE DEEPMIND. Sonnet: tensorflow-based neural network library [CP/OL]. [2017-01-02]. https://github.com/deepmind/sonnet.

[52] GUO J, HE H, HE T, et al. GluonCV and GluonNLP: deep learning in computer vision and natural language processing [J]. Journal of Machine Learning Research, 2020, 21 (23): 1-7.

[53] CHOI D, SHALLUE C J, NADO Z, et al. On empirical comparisons of optimizers for deep learning [DB/OL]. [2019-09-26]. https://arxiv.org/abs/1908.01878.

[54] YOU K, LONG M, WANG J, et al. How does learning rate decay help modern neural networks? [DB/OL]. [2019-09-26]. https://arxiv.org/abs/1908.01878.

[55] SINHA S, SINGH T N, SINGH V K, et al. Epoch determination for neural network by self organized map (SOM) [J]. Computational Geosciences, 2010 (14): 199-206.

[56] MASTERS D, LUSCHI C. Revisiting small batch training for deep neural networks [DB/OL]. [2018-04-20]. https://arxiv.org/abs/1804.07612.

[57] SHAFI I, AHMAD J, SHAH S I, et al. Impact of varying neurons and hidden layers in neural network architecture for a time frequency

application [C]. In 2006 IEEE International Multitopic Conference, 2006: 188-193.
[58] DING B, QIAN H, ZHOU J. Activation functions and their characteristics in deep neural networks [C]. In 2018 Chinese Control and Decision Conference (CCDC), 2018: 1836-1841.
[59] SUTSKEVER I, MARTENS J, DAHL G, et al. On the importance of initialization and momentum in deep learning [C]. In International Conference on Machine Learning, PMLR, 2013: 1139-1147.
[60] KUMAR S K. On weight initialization in deep neural networks [DB/OL]. [2017-05-02]. https://arxiv.org/abs/1704.08863.
[61] SRIVASTAVA N, HINTON G, ALEX KRIZHEVSKY A, et al. Dropout: a simple way to prevent neural networks from overfitting [J]. The Journal of Machine Learning Research, 2014, 15 (1): 1929-1958.
[62] NG A Y. Feature selection, l 1 vs. l 2 regularization, and rotational invariance [C]. In Proceedings of the Twenty - first International Conference on Machine Learning, 2004: 78.
[63] MAIRAL J, KONIUSZ P, HARCHAOUI Z, et al. Convolutional kernel networks [C]. Advances in Neural Information Processing Systems, 2014: 27.
[64] ZANIOLO L, MARQUES O. On the use of variable stride in convolutional neural networks [J]. Multimedia Tools and Applications, 2020, 79 (19): 13581-13598.
[65] DWARAMPUDI M, REDDY N V. Effects of padding on LSTMs and CNNs [DB/OL]. [2019-03-18]. https://arxiv.org/abs/1903.07288.
[66] ZHU H, AN Z, YANG C, et al. Rethinking the number of channels for the convolutional neural network [DB/OL]. [2019-09-04]. https://arxiv.org/abs/1909.01861.
[67] SCHERER D, MÜLLER A, SVEN BEHNKE S. Evaluation of pooling operations in convolutional architectures for object recognition [C]. In International Conference on Artificial Neural Networks, 2010: 92-101.
[68] MA B, LI X, XIA Y, et al. Autonomous deep learning: a genetic DCNN designer for image classification [J]. Neurocomputing, 2020 (379): 152-161.
[69] ITANO F, SOUSA MAA DE, DEL-MORAL-HERNANDEZ E. Extending MLP ANN hyper - parameters optimization by using genetic algorithm

[C]. In 2018 International Joint Conference on Neural Networks (IJCNN), 2018: 1-8.

[70] KENNEDY J, EBERHART R. Particle swarm optimization [C]. In Proceedings of ICNN' 95-International Conference on Neural Networks, 1995 (4): 1942-1948.

[71] STANLEY K O, MIIKKULAINEN R. Evolving neural networks through augmenting topologies [J]. Evolutionary Computation, 2002, 10 (2): 99-127.

[72] MARTÍNEZ-ÁLVAREZ F, ASENCIO-CORTÉS G, TORRES J F, et al. Coronavirus optimization algorithm: a bioinspired metaheuristic based on the COVID-19 propagation model [J]. Big Data, 2020, 8 (4): 308-322.

[73] RANJIT M P, GANAPATHY G, KALAIVANI SRIDHAR K, et al. Efficient deep learning hyperparameter tuning using cloud infrastructure: intelligent distributed hyperparameter tuning with Bayesian optimization in the cloud [C]. In 2019 IEEE 12th International Conference on Cloud Computing (CLOUD), IEEE, 2019: 520-522.

[74] BERGSTRA J, YAMINS D, COX D, et al. Hyperopt: a python library for optimizing the hyperparameters of machine learning algorithms [C]. In Proceedings of the 12th Python in Science Conference (SciPy 2013), 2013 (13): 20.

[75] CAMERO A, TOUTOUH J, ALBA E. Dlopt: deep learning optimization library [DB/OL]. [2018-07-10]. https://arxiv.org/abs/1807.03523.

[76] STASSE O, FLAYOLS T, BUDHIRAJA R, et al. Talos: a new humanoid research platform targeted for industrial applications [C]. In 2017 IEEE-RAS 17th International Conference on Humanoid Robotics (Humanoids), 2017: 689-695.

[77] BALANDAT M, KARRER B, JIANG D R, et al. Botorch: programmable Bayesian optimization in PyTorch [DB/OL]. [2020-12-08]. http://arxiv.org/abs/1910.06403.

[78] EGGENSPERGER K, FEURER M, HUTTER F, et al. Towards an empirical foundation for assessing Bayesian optimization of hyperparameters [C]. In NIPS Workshop on Bayesian Optimization in Theory and Practice, 2013: 10.

[79] WANG Y E, WEI G Y, BROOKS D. Benchmarking TPU, GPU, and CPU platforms for deep learning [DB/OL]. [2019-10-22]. https: //arxiv.org/abs/1907.10701.

[80] Yu D, Wang Y, Liu H, et al. System identification of PEM fuel cells using an improved Elman neural network and a new hybrid optimization algorithm [J]. Energy Reports, 2019 (5): 1365-1374.

[81] Zheng Y, Yao Z, Zhou H, et al. Power generation forecast of top gas recovery turbine unit based on Elman model [C]. In 2018 37th Chinese Control Conference (CCC), 2018: 7498-7501.

[82] RUIZ L G B, RUEDA R, CUÉLLAR M P, et al. Energy consumption forecasting based on Elman neural networks with evolutive optimization [J]. Expert Systems with Applications, 2018 (92): 380-389.

[83] WANG J, LV Z, LIANG Y, et al. Fouling resistance prediction based on GA - Elman neural network for circulating cooling water with electromagnetic anti - fouling treatment [J]. Journal of the Energy Institute, 2019, 92 (5): 1519-1526.

[84] LI W, JIAO Z, DU L, et al. An indirect RUL prognosis for lithium-ion battery under vibration stress using Elman neural network [J]. International Journal of Hydrogen Energy, 2019, 44 (23): 12270-12276.

[85] YU Y, WANG X, BRÜNDLINGER R. Improved Elman neural network short-term residents load forecasting considering human comfort index [J]. Journal of Electrical Engineering & Technology, 2019 (14): 2315-2322.

[86] LI D, WANG H, ZHANG Y, et al. Power grid load state information perception forecasting technology for battery energy storage system based on Elman neural network [C]. In 2019 IEEE 3rd Information Technology, Networking, Electronic and Automation Control Conference (ITNEC), 2019: 914-917.

[87] ABDEL - NASSER M, MAHMOUD K. Accurate photovoltaic power forecasting models using deep LSTM-RNN [J]. Neural Computing and Applications, 2019 (31): 2727-2740.

[88] KHODABAKHSH A, ARI I, MUSTAFA BAKIR M, et al. Forecasting multivariate time series data using LSTM and mini-batches [C]. In Data Science: from Research to Application, Springer, 2020: 121-129.

[89] GAO M, LI J, HONG F, et al. Day-ahead power forecasting in a large

scale photovoltaic plant based on weather classification using LSTM [J]. Energy, 2019 (187): 115838.

[90] MUZAFFAR S, AFSHARI A. Short-term load forecasts using LSTM networks [J]. Energy Procedia, 2019 (158): 2922–2927.

[91] SONG X, LIU Y, XUE L, et al. Time-series well performance prediction based on long short-term memory (LSTM) neural network model [J]. Journal of Petroleum Science and Engineering, 2020 (186): 106–682.

[92] WANG J Q, DU Y, WANG J. LSTM based long-term energy consumption prediction with periodicity [J]. Energy, 2020 (197): 117–197.

[93] ALCAN G, YILMAZ E, UNEL M, et al. Estimating soot emission in diesel engines using gated recurrent unit networks [J]. IFAC-PapersOnLine, 2019, 52 (5): 544–549.

[94] WU W, LIAO W, MIAO J, et al. Using gated recurrent unit network to forecast short-term load considering impact of electricity price [J]. Energy Procedia, 2019 (158): 3369–3374.

[95] TANG X, DAI Y, WANG T, et al. Short-term power load forecasting based on multi-layer bidirectional recurrent neural network [J]. IET Generation, Transmission & Distribution, 2019, 13 (17): 3847–3854.

[96] SHAO Z, ZHENG Q, YANG S, et al. Modeling and forecasting the electricity clearing price: a novel BELM based pattern classification framework and a comparative analytic study on multi-layer BELM and LSTM [J]. Energy Economics, 2020 (86): 104–648.

[97] QIU X, REN Y, SUGANTHAN P N, et al. Empirical mode decomposition-based ensemble deep learning for load demand time series forecasting [J]. Applied Soft Computing, 2017 (54): 246–255.

[98] QIU X, ZHANG L, REN Y, et al. Ensemble deep learning for regression and time series forecasting [C]. In 2014 IEEE Symposium on Computational Intelligence in Ensemble Learning (CIEL), 2014: 1–6.

[99] MANOHAR M, KOLEY E, GHOSH S, et al. Spatio temporal information based protection scheme for PV integrated microgrid under solar irradiance intermittency using deep convolutional neural network

[J]. International Journal of Electrical Power & Energy Systems, 2020 (116): 105-576.

[100] MISHRA K, BASU S, MAULIK U. Danse: a dilated causal convolutional network - based model for load forecasting [C]. In Proceedings of Pattern Recognition and Machine Intelligence: 8th International Conference, Part I, 2019: 234-241.

[101] QIAO W, YANG Z. Forecast the electricity price of US using a wavelet transform - based hybrid model [J]. Energy, 2020, (193): 116-704.

[102] JI L, ZOU Y, HE K, et al. Carbon futures price forecasting based with ARIMA CNN-LSTM model [J]. Procedia Computer Science, 2019 (162): 33-38.

[103] KIM T Y, CHO S B. Predicting residential energy consumption using CNN-LSTM neural networks [J]. Energy, 2019 (182): 72-81.

[104] SHEN M, XU Q, WANG K, et al. Short-term bus load forecasting method based on CNN-GRU neural network [C]. In Proceedings of Purple Mountain Forum 2019-International Forum on Smart Grid Protection and Control: Volume II, 2020: 711-722.

[105] ALKANDARI M, AHMAD I. Solar power generation forecasting using ensemble approach based on deep learning and statistical methods [J]. Applied Computing and Informatics, 2020 (18): 581-590.

[106] KONG Z, TANG B, DENG L, et al. Condition monitoring of wind turbines based on spatio - temporal fusion of SCADA data by convolutional neural networks and gated recurrent units [J]. Renewable Energy, 2020 (146): 760-768.

[107] WANG S, ZHANG Z, REN Y, et al. UAV photogrammetry and AFSA-Elman neural network in slopes displacement monitoring and forecasting [J]. KSCE Journal of Civil Engineering, 2020 (24): 19-29.

[108] SARKAR S, LORE K G, SOUMIK SARKAR S, et al. Early detection of combustion instability from hi-speed flame images via deep learning and symbolic time series analysis [C]. In Annual Conference of the PHM Society, 2015: 7.

[109] MA X, DAI Z, HE Z, et al. Learning traffic as images: a deep convolutional neural network for large - scale transportation network speed prediction [J]. Sensors, 2017, 17 (4): 818.

[110] CHEN W, SHI K. A deep learning framework for time series classification using relative position matrix and convolutional neural network [J]. Neurocomputing, 2019 (359): 384-394.

[111] IENCO D, INTERDONATO R, GAETANO R, et al. Combining Sentinel-1 and Sentinel-2 satellite image time series for land cover mapping via a multi-source deep learning architecture [J]. ISPRS Journal of Photogrammetry and Remote Sensing, 2019 (158): 11-22.

[112] MARTÍNEZ-ARELLANO G, TERRAZAS G, RATCHEV S. Tool wear classification using time series imaging and deep learning [J]. The International Journal of Advanced Manufacturing Technology, 2019 (104): 3647-3662.

[113] WU W, ZHANG J, XIE H, et al. Automatic detection of coronary artery stenosis by convolutional neural network with temporal constraint [J]. Computers in Biology and Medicine, 2020 (118): 103-657.

[114] MIAO Y, HAN J, GAO Y, et al. ST-CNN: spatial-temporal convolutional neural network for crowd counting in videos [J]. Pattern Recognition Letters, 2019 (125): 113-118.

[115] FENG S. Dynamic facial stress recognition in temporal convolutional network [C]. In Proceedings of Neural Information Processing: 26th International Conference, Part IV, 2019 (26): 698-706.

[116] ZHANG Y, KAMPFFMEYER M, LIANG X, et al. Dilated temporal relational adversarial network for generic video summarization [J]. Multimedia Tools and Applications, 2019 (78): 35237-35261.

[117] INTERDONATO R, IENCO D, GAETANO R, et al. DuPLO: a dual view point deep learning architecture for time series classification [J]. ISPRS Journal of Photogrammetry and Remote Sensing, 2019 (149): 91-104.

[118] YAN H, OUYANG H. Financial time series prediction based on deep learning [J]. Wireless Personal Communications, 2018 (102): 683-700.

[119] SISMANOGLU G, ONDE M A, KOCER F, et al. Deep learning based forecasting in stock market with big data analytics [C]. In 2019 Scientific Meeting on Electrical-Electronics & Biomedical Engineering and Computer Science (EBBT), 2019: 1-4.

[120] BALAJI A J, RAM D S H, NAIR B B. Applicability of deep learning

models for stock price forecasting an empirical study on BANKEX data [J]. Procedia Computer Science, 2018 (143): 947-953.

[121] JIANG M, LIU J, ZHANG L, et al. An improved stacking framework for stock index prediction by leveraging tree-based ensemble models and deep learning algorithms [J]. Physica A: Statistical Mechanics and its Applications, 2020 (541): 122-272.

[122] WU W, WANG Y, FU J, et al. Preliminary study on interpreting stock price forecasting based on tree regularization of GRU [C]. In Data Science: 5th International Conference of Pioneering Computer Scientists, Engineers and Educators, Part II, 2019: 476-487.

[123] ORIMOLOYE L O, SUNG M C, MA T, et al. Comparing the effectiveness of deep feedforward neural networks and shallow architectures for predicting stock price indices [J]. Expert Systems with Applications, 2020 (139): 112-828.

[124] MAKARENKO A V. Deep learning algorithms for estimating Lyapunov exponents from observed time series in discrete dynamic systems [C]. In 2018 14th International Conference "Stability and Oscillations of Nonlinear Control Systems" (Pyatnitskiy's Conference) (STAB), IEEE, 2018: 1-4.

[125] DINGLI A, FOURNIER K S. Financial time series forecasting: a deep learning approach [J]. International Journal of Machine Learning and Computing, 2017, 7 (5): 118-122.

[126] KELOTRA A, PANDEY P. Stock market prediction using optimized Deep-ConvLSTM model [J]. Big Data, 2020, 8 (1): 5-24.

[127] NI L, LI Y, WANG X, et al. Forecasting of Forex time series data based on deep learning [J]. Procedia Computer Science, 2019 (147): 647-652.

[128] BAO W, YUE J, RAO Y. A deep learning framework for financial time series using stacked autoencoders and long-short term memory [J]. PloS ONE, 2017, 12 (7): 180.

[129] MUNKHDALAI L, LI M, THEERA-UMPON N, et al. VAR-GRU: a hybrid model for multivariate financial time series prediction [C]. In Asian Conference on Intelligent Information and Database Systems, 2020: 322-332.

[130] CHEN C T, CHIANG L K, HUANG Y C, et al. Forecasting interaction

of exchange rates between fiat currencies and cryptocurrencies based on deep relation networks [C]. In 2019 IEEE International Conference on Agents (ICA), 2019: 69-72.

[131] BERRADI Z, LAZAAR M. Integration of principal component analysis and recurrent neural network to forecast the stock price of Casablanca stock exchange [J]. Procedia Computer Science, 2019 (148): 55-61.

[132] WANG Q, XU W, HUANG X, et al. Enhancing intraday stock price manipulation detection by leveraging recurrent neural networks with ensemble learning [J]. Neurocomputing, 2019 (347): 46-58.

[133] LONG W, LU Z, CUI L. Deep learning-based feature engineering for stock price movement prediction [J]. Knowledge-Based Systems, 2019 (164): 163-173.

[134] LIU H, TIAN H Q, LIANG X F, et al. Wind speed forecasting approach using secondary decomposition algorithm and Elman neural networks [J]. Applied Energy, 2015 (157): 183-194.

[135] YU C, LI Y, XIANG H, et al. Data mining-assisted short-term wind speed forecasting by wavelet packet decomposition and Elman neural network [J]. Journal of Wind Engineering and Industrial Aerodynamics, 2018 (175): 136-143.

[136] LIU H, MI X W, LI Y F. Wind speed forecasting method based on deep learning strategy using empirical wavelet transform, long short term memory neural network and Elman neural network [J]. Energy Conversion and Management, 2018 (156): 498-514.

[137] ZHANG Y, PAN G. A hybrid prediction model for forecasting wind energy resources [J]. Environmental Science and Pollution Research, 2020 (27): 19428-19446.

[138] ZHANG L, XIE Y, CHEN A, et al. A forecasting model based on enhanced Elman neural network for air quality prediction [C]. In Advanced Multimedia and Ubiquitous Engineering: MUE/FutureTech, 2019: 65-74.

[139] HUANG Y, WANG H, LIU H, et al. Elman neural network optimized by firefly algorithm for forecasting China's carbon dioxide emissions [J]. Systems Science & Control Engineering, 2019, 7 (2): 8-15.

[140] DENG X, HOU S, LI W Z, et al. Hourly campus water demand

forecasting using a hybrid EEMD–Elman neural network model [C] . In Sustainable Development of Water Resources and Hydraulic Engineering in China: Proceedings for the 2016 International Conference on Water Resource and Hydraulic Engineering, Springer, 2019: 71–80.

[141] SHEN W, FU X, WANG R, et al. A prediction model of NH_3 concentration for swine house in cold region based on empirical mode decomposition and Elman neural network [J] . Information Processing in Agriculture, 2019, 6 (2): 297–305.

[142] WAN X, YANG Q, JIANG P, et al. A hybrid model for real-time probabilistic flood forecasting using Elman neural network with heterogeneity of error distributions [J] . Water Resources Management, 2019 (33): 4027–4050.

[143] WAN H, GUO S, YIN K, et al. CTS–LSTM: LSTM–based neural networks for correlatedtime series prediction [J] . Knowledge-Based Systems, 2020 (191): 105–239.

[144] FREEMAN B S, TAYLOR G, GHARABAGHI B, et al. Forecasting air quality time series using deep learning [J] . Journal of the Air & Waste Management Association, 2018, 68 (8): 866–886.

[145] MELO G A D, SUGIMOTO D N, TASINAFFO P M, et al. A new approach to river flow forecasting: LSTM and GRU multivariate models [J] . IEEE Latin America Transactions, 2019, 17 (12): 1978–1986.

[146] CHEN J, ZENG G Q, ZHOU W, et al. Wind speed forecasting using nonlinear-learning ensemble of deep learning time series prediction and extremal optimization [J] . Energy Conversion and Management, 2018 (165): 681–695.

[147] NIU Z, YU Z, TANG W, et al. Wind power forecasting using attention-based gated recurrent unit network [J] . Energy, 2020 (196): 117.

[148] LI W, WU H, ZHU N, et al. Prediction of dissolved oxygen in a fishery pond based on gated recurrent unit (GRU) [J] . Information Processing in Agriculture, 2021, 8 (1): 185–193.

[149] PENG Z, PENG S, FU L, et al. A novel deep learning ensemble model with data denoising for short-term wind speed forecasting [J] . Energy Conversion and Management, 2020 (207): 112–524.

[150] JIN X, YU X, WANG X, et al. Prediction for time series with CNN and LSTM [C] . In Proceedings of the 11th International Conference on

Modelling, Identification and Control (ICMIC2019), 2020: 631-641.

[151] MAQSOOD H, MEHMOOD I, MAQSOOD M, et al. A local and global event sentiment based efficient stock exchange forecasting using deep learning [J]. International Journal of Information Management, 2020 (50): 432-451.

[152] O' SHEA T J, ROY T, CLANCY T C. Over-the-air deep learning based radio signal classification [J]. IEEE Journal of Selected Topics in Signal Processing, 2018, 12 (1): 168-179.

[153] ZHANG Y F, THORBURN P J, FITCH P. Multi - task temporal convolutional network for predicting water quality sensor data [C]. In International Conference on Neural Information Processing, 2019: 122-130.

[154] YING SUN Y, ZIJUN ZHAO Z, XIAOBIN MA X, et al. Short-time scale gravitational microlensing events prediction with ARIMA-LSTM and ARIMA-GRU hybrid model [C]. In Big Scientific Data Management: First International Conference, 2019: 224-238.

[155] LIU H, MI X, LI Y, et al. Smart wind speed deep learning based multistep forecasting model using singular spectrum analysis, convolutional gated recurrent unit network and support vector regression [J]. Renewable Energy, 2019 (143): 842-854.

[156] LI X, ZHANG L, WANG Z, et al. Remaining useful life prediction for lithium-ion batteries based on a hybrid model combining the long short-term memory and Elman neural networks [J]. Journal of Energy Storage, 2019 (21): 510-518.

[157] YANG L, WANG F, ZHANG J, et al. Remaining useful life prediction of ultrasonic motor based on Elman neural network with improved particle swarm optimization [J]. Measurement, 2019 (143): 27-38.

[158] RASHID K M, LOUIS J. Times - series data augmentation and deep learning for construction equipment activity recognition [J]. Advanced Engineering Informatics, 2019 (42): 100-944.

[159] HUANG X, ZANNI - MERK C, CRÉMILLEUX B. Enhancing deep learning with semantics: an application to manufacturing time series analysis [J]. Procedia Computer Science, 2019 (159): 437-446.

[160] MEHDIYEV N, LAHANN J, EMRICH A, et al. Time series classification using deep learning for process planning: a case from the

process industry [J]. Procedia Computer Science, 2017 (114): 242-249.

[161] WANG S, CHEN J, WANG H, et al. Degradation evaluation of slewing bearing using HMM and improved GRU [J]. Measurement, 2019 (146): 385-395.

[162] WANG J, YAN J, LI C, et al. Deep heterogeneous GRU model for predictive analytics in smart manufacturing: application to tool wear prediction [J]. Computers in Industry, 2019 (111): 1-14.

[163] BOHAN H, YUN B. Traffic flow prediction based on BRNN [C]. In 2019 IEEE 9th International Conference on Electronics Information and Emergency Communication (ICEIEC), 2019: 320-323.

[164] PASIAS A, VAFEIADIS T, IOANNIDIS D, et al. Forecasting bath and metal height features in electrolysis process [C]. In 2019 15th International Conference on Distributed Computing in Sensor Systems (DCOSS), 2019: 312-317.

[165] JIANG P, CHEN C, LIU X. Time series prediction for evolutions of complex systems: a deep learning approach [C]. In 2016 IEEE International Conference on Control and Robotics Engineering (ICCRE), 2016: 1-6.

[166] CANIZO M, TRIGUERO I, CONDE A, et al. Multi-head CNN - RNN for multi-time series anomaly detection: an industrial case study [J]. Neurocomputing, 2019 (363): 246-260.

[167] KUANG L, HUA C, WU J, et al. Traffic volume prediction based on multi-sources GPS trajectory data by temporal convolutional network [J]. Mobile Networks and Applications, 2020 (25): 1405-1417.

[168] WU P, SUN J, CHANG X, et al. Data-driven reduced order model with temporal convolutional neural network [J]. Computer Methods in Applied Mechanics and Engineering, 2020 (360): 112-766.

[169] VARONA B, MONTESERIN A, TEYSEYRE A. A deep learning approach to automatic road surface monitoring and pothole detection [J]. Personal and Ubiquitous Computing, 2020, 24 (4): 519-534.

[170] CAI M, PIPATTANASOMPORN M, RAHMAN S. Day-ahead building-level load forecasts using deep learning vs. traditional time - series techniques [J]. Applied Energy, 2019 (236): 1078-1088.

[171] SILVA D B D, SCHMIDT D, COSTA C A D, et al. DeepSigns: a

predictive model based on deep learning for the early detection of patient health deterioration [J]. Expert Systems with Applications, 2021 (65): 113-905.

[172] YU W, KIM Y, MECHEFSKE C. Remaining useful life estimation using a bidirectional recurrent neural network based autoencoder scheme [J]. Mechanical Systems and Signal Processing, 2019 (129): 764-780.

[173] BUI C, PHAM N, VO A, et al. Time series forecasting for healthcare diagnosis and prognostics with the focus on cardiovascular diseases [C]. In 6th International Conference on the Development of Biomedical Engineering in Vietnam (BME6), 2018: 809-818.

[174] LIU Y, HUANG Y, WANG J, et al. Detecting premature ventricular contraction in children with deep learning [J]. Journal of Shanghai Jiaotong University (Science), Springer, 2018 (23): 66-73.

[175] HOPPE E, KÖRZDÖRFER G, WÜRFL T, et al. Deep learning for magnetic resonance fingerprinting: a new approach for predicting quantitative parameter values from time series [J]. GMDS, 2017 (243): 202-206.

[176] CHAMBON S, GALTIER M N, ARNAL P J, et al. A deep learning architecture for temporal sleep stage classification using multivariate and multimodal time series [J]. IEEE Transactions on Neural Systems and Rehabilitation Engineering, 2018, 26 (4): 758-769.

[177] LAURITSEN S M, KALØR M E, KONGSGAARD E L, et al. Early detection of sepsis utilizing deep learning on electronic health record event sequences [J]. Artificial Intelligence in Medicine, 2020 (104): 101-820.

[178] CHEN X, HE J, WU X, et al. Sleep staging by bidirectional long short-term memory convolution neural networks [J]. Future Generation Computer Systems, 2020 (109): 188-196.

[179] MA L L, TIAN F P. Pneumonia incidence rate predictive model of nonlinear time series based on dynamic learning rate bp neural network [C]. In Fuzzy Information and Engineering, 2010 (1): 739-749.

[180] SARAFRAZI S, CHOUDHARI R S, MEHTA C, et al. Cracking the "sepsis" code: assessing time series nature of EHR data, and using deep learning for early sepsis prediction [C]. In 2019 Computing in

Cardiology (CinC), 2019: 1-4.

[181] ZEROUAL A, HARROU F, DAIRI A, et al. Deep learning methods for forecasting COVID-19 time-series data: a comparative study [J]. Chaos, Solitons & Fractals, 2020 (140): 110-121.

[182] ZHANG X, SHEN F, ZHAO J, et al. Time series forecasting using GRU neural network with multi-lag after decomposition [C]. In Neural Information Processing: 24th International Conference, 2017: 523-532.

[183] ZHAO X, XIA L, ZHANG J, et al. Artificial neural network based modeling on unidirectional and bidirectional pedestrian flow at straight corridors [J]. Physica A: Statistical Mechanics and its Applications, 2020 (547): 123-825.

[184] IMAMVERDIYEV Y, ABDULLAYEVA F. Deep learning method for denial of service attack detection based on restricted Boltzmann machine [J]. Big Data, 2018, 6 (2): 159-169.

[185] MUNIR M, SIDDIQUI S A, DENGEL A, et al. DeepAnT: a deep learning approach for unsupervised anomaly detection in time series [J]. IEEE Access, 2018 (7): 1991-2005.

[186] ZEBIN T, SCULLY P J, OZANYAN K B. Human activity recognition with inertial sensors using a deep learning approach [C]. In 2016 IEEE sensors, 2016: 1-3.

[187] ZHAO B, LU H, CHEN S, et al. Convolutional neural networks for time series classification [J]. Journal of Systems Engineering and Electronics, 2017, 28 (1): 162-169.

[188] JIANG W, WANG Y, TANG Y. A sequence-to-sequence transformer premised temporal convolutional network for Chinese word segmentation [C]. In Parallel Architectures, Algorithms and Programming: 10th International Symposium, Springer, 2020: 541-552.

[189] SHAO J, SHEN H, CAO Q, et al. Temporal convolutional networks for popularity prediction of messages on social medias [C]. In Information Retrieval: 25th China Conference, 2019: 135-147.

[190] CHEN Y, KANG Y, CHEN Y, et al. Probabilistic forecasting with temporal convolutional neural network [J]. Neurocomputing, 2020 (399): 491-501.

[191] XI R, HOU M, FU M, et al. Deep dilated convolution on multimodality time series for human activity recognition [C]. In International Joint Conference on Neural Networks, 2018: 1-8.

[192] WANG R, PENG C, GAO J, et al. A dilated convolution network-based LSTM model for multi-step prediction of chaotic time series [J]. Computational and Applied Mathematics, 2020 (39): 1-22.

[193] RODRIGUES F, MARKOU I, PEREIRA F C. Combining time-series and textual data for taxi demand prediction in event areas: a deep learning approach [J]. Information Fusion, 2019 (49): 120-129.

[194] KALININ M O, LAVROVA D S, YARMAK A V. Detection of threats in cyberphysical systems based on deep learning methods using multidimensional time series [J]. Automatic Control and Computer Sciences, 2018 (52): 912-917.

[195] WANG H, LEI Z, ZHANG X, et al. A review of deep learning for renewable energy forecasting [J]. Energy Conversion and Management, 2019 (198): 111-799.

[196] HU Z, TANG J, WANG Z, et al. Deep learning for image-based cancer detection and diagnosis: a survey [J]. Pattern Recognition, 2018 (83): 134-149.

[197] ATTO A M, BENOIT A, LAMBERT P. Timed-image based deep learning for action recognition in video sequences [J]. Pattern Recognition, 2020 (104): 107-353.

[198] SEZER O B, GUDELEK M U, OZBAYOGLU A M. Financial time series forecasting with deep learning: a systematic literature review (2005—2019) [J]. Applied Soft Computing, 2020 (90): 106-181.

[199] SHEN Z, ZHANG Y, LU J, et al. A novel time series forecasting model with deep learning [J]. Neurocomputing, 2020 (396): 302-313.

[200] WANG Y, ZHANG D, LIU Y, et al. Enhancing transportation systems via deep learning: a survey [J]. Transportation Research Part C: Emerging Technologies, 2019 (99): 144-163.

[201] KAMILARIS A, PRENAFETA-BOLDÚ F X. Deep learning in agriculture: a survey [J]. Computers and Electronics in Agriculture, 2018 (147): 70-90.

[202] ZHAO R, YAN R, CHEN Z, et al. Deep learning and its applications

to machine health monitoring [J]. Mechanical Systems and Signal Processing, 2019 (115): 213–237.

[203] MAHDAVIFAR S, GHORBANI A A. Application of deep learning to cybersecurity: a survey [J]. Neurocomputing, 2019 (347): 149–176.

[204] KEOGH E J, PAZZANI M J. An enhanced representation of time series which allows fast and accurate classification, clustering and relevance feedback [J]. In KDD, 1998 (98): 239–243.

[205] FAKHRAZARI A, VAKILZADIAN H. A survey on time series data mining [C]. In 2017 IEEE International Conference on Electro Information Technology (EIT), 2017: 476–481.

[206] LÄNGKVIST M, KARLSSON L, LOUTFI A. A review of unsupervised feature learning and deep learning for time - series modeling [J]. Pattern Recognition Letters, 2014 (42): 11–24.

[207] KRAWCZYK B. Learning from imbalanced data: open challenges and future directions [J]. Progress in Artificial Intelligence, 2016, 5 (4): 221–232.

[208] GAMA J, ŽLIOBAITĖ I, BIFET A, et al. A survey on concept drift adaptation [J]. ACM Computing Surveys (CSUR), 2014, 46 (4): 1–37.

[209] DIEHL J, REIZENSTEIN J. Invariants of multidimensional time series based on their iterated - integral signature [J]. Acta Applicandae Mathematicae, 2019, 164 (1): 83–122.

[210] XIANG Z L, WANG R, YU X R, et al. Experimental analysis of similarity measurements for multivariate time series and its application to the stock market [J]. Applied Intelligence, 2023, 53 (21): 25450–25466.

[211] 袁慧, 谭章禄, 王福浩. 一种高效的相似性度量方法及其分类效果研究 [J]. 中国科学: 技术科学, 2022, 52 (7): 1096–1110.

[212] RAKTHANMANON T, KEOGH E. Fast shapelets: a scalable algorithm for discovering time series shapelets [C]. In Proceedings of the 2013 SIAM International Conference on Data Mining, SIAM, 2013: 668–676.

[213] BERNDT D J, CLIFFORD J. Using dynamic time warping to find patterns in time series [C]. In Proceedings of the 3rd International

Conference on Knowledge Discovery and Data Mining, 1994: 359-370.

[214] LAI J H, PYUEN P C, FENG G C. Face recognition using holistic Fourier invariant features [J]. Pattern Recognition, 2001, 34 (1): 95-109.

[215] KHOTANZAD A, HONG Y H. Invariant image recognition by Zernike moments [J]. IEEE Transactions on Pattern Analysis and Machine Intelligence, 1990, 12 (5): 489-497.

[216] ARODŹ T. Invariant object recognition using radon-based transform [J]. Computing and Informatics, 2005, 24 (2): 183-199.

[217] CHAOVALIT P, GANGOPADHYAY A, KARABATIS G, et al. Discrete wavelet transform-based time series analysis and mining [J]. ACM Computing Surveys (CSUR), 2011, 43 (2): 1-37.

[218] HAASDONK B, BURKHARDT H. Invariant kernel functions for pattern analysis and machine learning [J]. Machine Learning, 2007 (68): 35-61.

[219] LENC K, VEDALDI A. Understanding image representations by measuring their equivariance and equivalence [C]. In Proceedings of the IEEE Conference on Computer Vision and Pattern Recognition, 2015: 991-999.

[220] WAN R, MEI S, WANG J, et al. Multivariate temporal convolutional network: a deep neural networks approach for multivariate time series forecasting [J]. Electronics, 2019, 8 (8): 876.

[221] BENTON G, FINZI M, IZMAILOV P, et al. Learning invariances in neural networks from training data [C]. Advances in Neural Information Processing Systems, 2020 (33): 17605-17616.

[222] PANAHI A, SAEEDI S, ARODZ T. Word2ket: space-efficient word embeddings inspired by quantum entanglement [C]. In International Conference on Learning Representations, 2019.

[223] YUAN Y, XUN G, SUO Q, et al. Wave2vec: deep representation learning for clinical temporal data [J]. Neurocomputing, 2019 (324): 31-42.

[224] XIAO Z, XU X, XING H, et al. RTFN: a robust temporal feature network for time series classification [J]. Information Sciences, 2021 (571): 65-86.

[225] YUE Z, WANG Y, DUAN J, et al. Ts2vec: towards universal representation of time series [C]. In Proceedings of the AAAI Conference on Artificial Intelligence, 2022 (36): 8980-8987.

[226] LAFABREGUE B, WEBER J, GANÇARSKI P, et al. End-to-end deep representation learning for time series clustering: a comparative study [J]. Data Mining and Knowledge Discovery, 2022, 36 (1): 29-81.

[227] IGLESIAS G, TALAVERA E, GONZÁLEZ-PRIETO Á, et al. Data augmentation techniques in time series domain: a survey and taxonomy [J]. Neural Computing and Applications, 2023, 35 (14): 1012-1014.

[228] HORNIK K. Approximation capabilities of multilayer feedforward networks [J]. Neural Networks, 1991, 4 (2): 251-257.

[229] COOLEY J W, TUKEY J W. An algorithm for the machine calculation of complex Fourier series [J]. Mathematics of Computation, 1965, 19 (90): 297-301.

[230] LAI G, CHANG W C, YANG Y, et al. Modeling long-and short-term temporal patterns with deep neural networks [C]. In the 41st International ACM SIGIR Conference on Research & Development in Information Retrieval, 2018: 95-104.

[231] SHIH S Y, SUN F K, LEE H Y. Temporal pattern attention for multivariate time series forecasting [J]. Machine Learning, 2019 (108): 142-144.

[232] WANG D, TSAY R S. Rate - optimal robust estimation of high - dimensional vector autoregressive models [J]. The Annals of Statistics, 2023, 51 (2): 846-877.

[233] VAPNIK V, GOLOWICH S, SMOLA A. Support vector method for function approximation, regression estimation and signal processing [C]. Advances in Neural Information Processing Systems, 1996: 9.

[234] TONG H, LIM K S. Threshold autoregression, limit cycles and cyclical data [J]. Journal of the Royal Statistical Society: Series B (Methodological), 1980, 42 (3): 245-268.

[235] KIM H Y, WON C Y. Forecasting the volatility of stock price index: a hybrid model integrating LSTM with multiple GARCH-type models [J]. Expert Systems with Applications, 2018 (103): 25-37.

[236] SHAH J, VAIDYA D, SHAH M. A comprehensive review on multiple

hybrid deep learning approaches for stock prediction [J] . Intelligent Systems with Applications, 2022 (16) .

[237] ALMEIDA A, BRÁS S, SARGENTO S, et al. Time series big data: a survey on data stream frameworks, analysis and algorithms [J] . Journal of Big Data, 2023, 10 (1): 83.

[238] FAN J, ZHANG K, HUANG Y, et al. Parallel spatio-temporal attention-based TCN for multivariate time series prediction [J] . Neural Computing and Applications, 2023, 35 (18): 13109–13118.

[239] AZIZ S, DOWLING M, HAMMAMI H, et al. Machine learning in finance: a topic modeling approach [J] . European Financial Management, 2022, 28 (3): 744–770.

[240] ARIYO A A, ADEWUMI A O, AYO C K. Stock price prediction using the ARIMA model [C] . In 2014 UKSim–AMSS 16th International Conference on Computer Modelling and Simulation, 2014: 106–112.

[241] SHAFIE-KHAH M, MOGHADDAM M, SHEIKH-EL-ESLAMI M K. Price forecasting of day - ahead electricity markets using a hybrid forecast method [J] . Energy Conversion and Management, 2011, 52 (5): 2165–2169.

[242] BENIDIS K, RANGAPURAM S S, VALENTIN FLUNKERT V, et al. Deep learning for time series forecasting: tutorial and literature survey [J] . ACM Computing Surveys, 2022, 55 (6): 1–36.

[243] SHARIFZADEH M, SIKINIOTI–LOCK A, SHAH N. Machine - learning methods for integrated renewable power generation: a comparative study of artificial neural networks, support vector regression, and gaussian process regression [J] . Renewable and Sustainable Energy Reviews, 2019 (108): 513–538.

[244] IBRAHIM A, KASHEF R, CORRIGAN L. Predicting market movement direction for bitcoin: a comparison of time series modeling methods [J] . Computers & Electrical Engineering, 2021 (89): 106–905.

[245] CHEVALLIER J. Nonparametric modeling of carbon prices [J] . Energy Economics, 2011, 33 (6): 1267–1282.

[246] ZHAO X, HAN M, DING L, et al. Usefulness of economic and energy data at different frequencies for carbon price forecasting in the EU ETS [J] . Applied Energy, 2018 (216): 132–141.

[247] ALRADDADI R, SHAO Q. Model selection for time series with

nonlinear trend [J]. Communications in Statistics Theory and Methods, 2022, 51 (20): 7208-7224.

[248] WEN F, XIAO J, HE Z, et al. Stock price prediction based on SSA and SVM [J]. Procedia Computer Science, 2014 (31): 625-631.

[249] SHEN G, TAN Q, ZHANG H, et al. Deep learning with gated recurrent unit networks for financial sequence predictions [J]. Procedia Computer Science, 2018 (131): 895-903.

[250] 苏治，卢曼，李德轩. 深度学习的金融实证应用：动态、贡献与展望 [J]. 金融研究，2017 (5): 111-126.

[251] PENG L, LIU S, LIU R, et al. Effective long short-term memory with differential evolution algorithm for electricity price prediction [J]. Energy, 2018 (162): 1301-1314.

[252] CAO J, LI Z, LI J. Financial time series forecasting model based on CEEMDAN and LSTM [J]. Physica A: Statistical Mechanics and its Applications, 2019 (519): 127-139.

[253] ZHANG G P. Time series forecasting using a hybrid ARIMA and neural network model [J]. Neurocomputing, 2003 (50): 159-175.

[254] CASTÁN-LASCORZ MA, JIMÉNEZ-HERRERA P, TRONCOSO A, et al. A new hybrid method for predicting univariate and multivariate time series based on pattern forecasting [J]. Information Sciences, 2022 (586): 611-627.

[255] MASINI R P, MEDEIROS M C, MENDES E F. Machine learning advances for time series forecasting [J]. Journal of Economic Surveys, 2023, 37 (1): 76-111.

[256] GASTINGER J, NICOLAS S, STEPIĆ D, et al. A study on ensemble learning for time series forecasting and the need for meta-learning [C]. In 2021 International Joint Conference on Neural Networks (IJCNN), 2021: 1-8.

[257] WEN S C, YANG C H. Time series analysis and prediction of nonlinear systems with ensemble learning framework applied to deep learning neural networks [J]. Information Sciences, 2021 (572): 167-181.

[258] 陈晓红，王辉，李喜华. 基于KPCA-CNN-DBiGRU模型的短期负荷预测方法 [J]. 管理工程学报，2024 (2): 1-11.

[259] 杨蓦，王静. 基于时空注意力机制的双向长短期记忆神经网络的股指预测研究 [J]. 运筹与管理，2023，32 (8): 174-180.

[260] KARIM F, MAJUMDAR S, DARABI H, et al. LSTM fully convolutional networks for time series classification [J] . IEEE Access, 2017 (6): 1662-1669.

[261] BOUTTI R, ADIL E A, RODHAIN F. Multivariate analysis of a time series EU ETS: methods and applications in carbon finance [J] . Financial Markets, Institutions and Risks, 2019, 3 (1): 18-29.

[262] WANG Z. Predicting the rise and fall of shanghai composite index based on artificial intelligence [C] . In E3S Web of Conferences, 2021 .

[263] RASUL K, SEWARD C, SCHUSTER I, et al. Autoregressive denoising diffusion models for multivariate probabilistic time series forecasting [C] . In International Conference on Machine Learning, 2021: 8857-8868.

[264] ZAINUDDIN Z, AKHIR P E A, HASAN M H. Predicting machine failure using recurrent neural network - gated recurrent unit (RNN-GRU) through time series data [J] . Bulletin of Electrical Engineering and Informatics, 2021, 10 (2): 870-878.

[265] SONG C, LIN Y, GUO S, et al. Spatial-temporal synchronous graph convolutional networks: a new framework for spatial-temporal network data forecasting [C] . In Proceedings of the AAAI Conference on Artificial Intelligence, 2020 (34): 914-921.

[266] MA S, ZHANG T, ZHAO Y B, et al. TCLN: a transformer-based Conv-LSTM network for multivariate time series forecasting [J] . Applied Intelligence, 2023, 53 (23): 28401-28417.

[267] ESLING P, AGON C. Time-series data mining [J] . ACM Computing Surveys (CSUR), 2012, 45 (1): 1-34.

[268] KEOGH E, KASETTY S. On the need for time series data mining benchmarks: a survey and empirical demonstration [C] . In Proceedings of the Eighth ACM SIGKDD International Conference on Knowledge Discovery and Data Mining, 2002: 102-111.

[269] WARREN L. Clustering of time series data: a survey [J] . Pattern Recognition, 2005, 38 (11): 1857-1874.

[270] HAMILTON J D. Time series analysis [M] . Princeton: Princeton University Press, 2020.

[271] MCDOWALL D, MCCLEARY R, BARTOS B J. Interrupted time series analysis [M] . Oxford: Oxford University Press, 2019.

[272] LI S C X， MARLIN B. Learning from irregularly-sampled time series： a missing data perspective [C] . In International Conference on Machine Learning， 2020：5937–5946.

[273] YANG C H H， TSAI Y Y， CHEN P Y. Voice2Series： reprogramming acoustic models for time series classification [C] . In International Conference on Machine Learning， 2021：11808–11819.

[274] ORESHKIN B N， CARPOV D， CHAPADOS N， et al. N-BEATS： neural basis expansion analysis for interpretable time series forecasting [C] . In International Conference on Learning Representations， 2019.

[275] STANKEVICIUTE K， ALAA A M， SCHAAR M V D. Conformal time-series forecasting [C] . Advances in Neural Information Processing Systems， 2021 (34)：6216–6228.

[276] CAO D， WANG Y， DUAN J， et al. Spectral temporal graph neural network for multivariate time-series forecasting [C] . Advances in Neural Information Processing Systems， 2020 (33)：17766–17778.

[277] WU Z， PAN S， LONG G， et al. Connecting the dots： multivariate time series forecasting with graph neural networks [C] . In Proceedings of the 26th ACM SIGKDD International Conference on Knowledge Discovery & Data Mining， 2020：753–763.

[278] CRABBÉ J， SCHAAR M V D. Explaining time series predictions with dynamic masks [C] . In International Conference on Machine Learning 2021：2166–2177.

[279] EKAMBARAM V， MANGLIK K， MUKHERJEE S， et al. Attention based multi-modal new product sales time-series forecasting [C] . In Proceedings of the 26th ACM SIGKDD International Conference on Knowledge Discovery & Data Mining， 2020：3110–3118.

[280] LAPTEV N， AMIZADEH S， FLINT I. Generic and scalable framework for automated time series anomaly detection [C] . In Proceedings of the 21st ACM SIGKDD International Conference on Knowledge Discovery and Data Mining， 2015：1939–1947.

[281] HWANG W S， YUN J H， KIM J， et al. Time-series aware precision and recall for anomaly detection： considering variety of detection result and addressing ambiguous labeling [C] . In Proceedings of the 28th ACM International Conference on Information and Knowledge Management， 2019：2241–2244.

[282] NAKAMURA T, IMAMURA M, MERCER R, et al. MERLIN: parameter-free discovery of arbitrary length anomalies in massive time series archives [C]. In 2020 IEEE International Conference on Data Mining (ICDM), 2020: 1190–1195.

[283] DENG A, HOOI B. Graph neural network-based anomaly detection in multivariate time series [C]. In Proceedings of the AAAI Conference on Artificial Intelligence, 2021 (35): 4027–4035.

[284] ZHAO H, WANG Y, DUAN J, et al. Multivariate time-series anomaly detection via graph attention network [C]. In 2020 IEEE International Conference on Data Mining (ICDM), 2020: 841–850.

[285] LEE J B, ROSSI R A, KIM S, et al. Attention models in graphs: a survey [J]. ACM Transactions on Knowledge Discovery from Data (TKDD), 2019, 13 (6): 1–25.

[286] ZHANG Z, CUI P, ZHU W. Deep learning on graphs: a survey [J]. IEEE Transactions on Knowledge and Data Engineering, 2020, 34 (1): 249–270.

[287] KIPF T N, WELLING M. Semi-supervised classification with graph convolutional networks [C]. In International Conference on Learning Representations, 2016.

[288] LI J, HAN Z, CHENG H, et al. Predicting path failure in time-evolving graphs [C]. In Proceedings of the 25th ACM SIGKDD International Conference on Knowledge Discovery & Data Mining, 2019: 279–1289.

[289] PAASSEN B, GRATTAROLA D, ZAMBON D, et al. Graph edit networks [C]. In International Conference on Learning Representations, 2020.

[290] VASWANI A, SHAZEER N, PARMAR N, et al. Attention is all you need [C]. Advances in Neural Information Processing Systems, 2017: 30.

[291] GROVER A, LESKOVEC J. Node2vec: scalable feature learning for networks [C]. In Proceedings of the 22nd ACM SIGKDD International Conference on Knowledge Discovery and Data Mining, 2016: 855–864.

[292] ZHANG M, CHEN Y. Link prediction based on graph neural networks [C]. Advances in Neural Information Processing Systems, 2018: 31.

[293] BLÁZQUEZ-GARCÍA A, CONDE A, MORI U, et al. A review on

outlier/anomaly detection in time series data [J]. ACM Computing Surveys (CSUR), 2021, 54 (3): 1-33.

[294] ZHOU J, CUI G, HU S, et al. Graph neural networks: a review of methods and applications [J]. AI Open, 2020 (1): 57-81.

[295] HO T K K, KARAMI A, ARMANFARD N. Graph-based time-series anomaly detection: a survey [DB/OL]. [2024-04-28]. https://arxiv.org/abs/2302.00058.

[296] LIM B, ZOHREN S. Time-series forecasting with deep learning: a survey [J]. Philosophical Transactions of the Royal Society A, 2021, 379 (2194): 202-209.

[297] WU Z, PAN S, CHEN F, et al. A comprehensive survey on graph neural networks [J]. IEEE Transactions on Neural Networks and Learning Systems, 2020, 32 (1): 4-24.

[298] FARAJTABAR M, WANG Y, GOMEZ-RODRIGUEZ M, et al. Coevolve: a joint point process model for information diffusion and network evolution [J]. Journal of Machine Learning Research, 2017, 18 (41): 1-49.

[299] KUMAR S, ZHANG X, LESKOVEC J. Predicting dynamic embedding trajectory in temporal interaction networks [C]. In Proceedings of the 25th ACM SIGKDD International Conference on Knowledge Discovery & Data Mining, 2019: 1269-1278.

[300] BARROS C D T D, MENDONÇA M R F, VIEIRA A B, et al. A survey on embedding dynamic graphs [J]. ACM Computing Surveys (CSUR), 2023, 55 (2): 10-1.

[301] SKARDING J, GABRYS B, MUSIAL K. Foundations and modeling of dynamic networks using dynamic graph neural networks: a survey [J]. IEEE Access, 2021 (9): 79143-79168.

[302] GUPTA S, BEDATHUR S. A survey on temporal graph representation learning and generative modeling [DB/OL]. [2022-08-25]. https://arxiv.org/abs/2208.12126.

[303] HUANG X, SONG Q, LI Y, et al. Graph recurrent networks with attributed random walks [C]. In Proceedings of the 25th ACM SIGKDD International Conference on Knowledge Discovery & Data Mining, 2019: 732-740.

[304] MA J, CHANG B, ZHANG X, et al. CopulaGNN: towards

integrating representational and correlational roles of graphs in graph neural networks [C]. In International Conference on Learning Representations, 2020.

[305] VELIČKOVIĆ P, CUCURULL G, CASANOVA A, et al. Graph attention networks [DB/OL]. [2018-02-04]. https://arxiv.org/abs/1710.10903.

[306] SEO Y, DEFFERRARD M, VANDERGHEYNST P, et al. Structured sequence modeling with graph convolutional recurrent networks [C]. In Neural Information Processing: 25th International Conference, 2018: 362-373.

[307] LI Y, YU R, SHAHABI C, et al. Diffusion convolutional recurrent neural network: data-driven traffic forecasting [C]. In International Conference on Learning Representations, 2018.

[308] ZHAO L, SONG Y, ZHANG C, et al. T-GCN: a temporal graph convolutional network for traffic prediction [J]. IEEE Transactions on Intelligent Transportation Systems, 2019, 21 (9): 3848-3858.

[309] SHANG C, CHEN J. Discrete graph structure learning for forecasting multiple time series [C]. In Proceedings of International Conference on Learning Representations, 2021.

[310] CHEN W, TIAN L, CHEN B, et al. Deep variational graph convolutional recurrent network for multivariate time series anomaly detection [C]. In International Conference on Machine Learning, 2022: 3621-3633.

[311] DAI E, CHEN J. Graph-augmented normalizing flows for anomaly detection of multiple time series [C]. In International Conference on Learning Representations, 2022.

[312] CINI A, MARISCA I, ALIPPI C. Filling the gaps: multivariate time series imputation by graph neural networks [C]. In International Conference on Learning Representations, 2021.

[313] YU B, YIN H, ZHU Z. Spatio-temporal graph convolutional networks: a deep learning framework for traffic forecasting [C]. In Proceedings of the Twenty-Seventh International Joint Conference on Artificial Intelligence, 2018: 3634-3640.

[314] WU Z, PAN S, LONG G, et al. Graph WaveNet for deep spatial-temporal graph modeling [C]. In Proceedings of the Twenty-Eighth International Joint Conference on Artificial Intelligence, 2019: 1907-1913.

[315] ORESHKIN B N, AMINI A, COYLE L, et al. FC-GAGA: fully connected gated graph architecture for spatio-temporal traffic forecasting [C]. In Proceedings of the AAAI Conference on Artificial Intelligence, 2021 (35): 9233-9241.

[316] LI M, ZHU Z. Spatial-temporal fusion graph neural networks for traffic flow forecasting [C]. In Proceedings of the AAAI Conference on Artificial Intelligence, 2021 (35): 4189-4196.

[317] YU H, LI T, YU W, et al. Regularized graph structure learning with semantic knowledge for multi-variates time-series forecasting [DB/OL]. [2022-10-12]. https://arxiv.org/abs/2210.06126.

[318] TRAN A, MATHEWS A, ONG C S, et al. Radflow: a recurrent, aggregated, and decomposable model for networks of time series [C]. In Proceedings of the Web Conference, 2021: 730-742.

[319] CHEN X, WANG J, XIE K. TrafficStream: a streaming traffic flow forecasting framework based on graph neural networks and continual learning [C]. In Proceedings of the Thirtieth International Joint Conference on Artificial Intelligence, 2021: 3620-3626.

[320] CHEN Y, SEGOVIA I, GEL Y R. Z-GCNETs: time zigzags at graph convolutional networks for time series forecasting [C]. In International Conference on Machine Learning, 2021: 1684-1694.

[321] YE J, LIU Z, DU B, et al. Learning the evolutionary and multi-scale graph structure for multivariate time series forecasting [C]. In Proceedings of the 28th ACM SIGKDD Conference on Knowledge Discovery and Data Mining, 2022: 2296-2306.

[322] JANG E, GU S, POOLE B. Categorical reparameterization with Gumbel - Softmax [C]. In International Conference on Learning Representations, 2017.

[323] ZHANG J, SHI S, XIE J, et al. GaAN: gated attention networks for learning on large and spatiotemporal graphs [C]. In Proceedings of the Thirty-Fourth Conference on Uncertainty in Artificial Intelligence, 2018: 339-349.

[324] XIA L, HUANG C, XU Y, et al. Spatial temporal sequential hypergraph network for crime prediction with dynamic multiplex relation learning [C]. In Proceedings of the Thirtieth International Joint Conference on Artificial Intelligence, 2021: 1631-1637.

[325] WANG X, MA Y, WANG Y, et al. Traffic flow prediction via spatial temporal graph neural network [C]. In Proceedings of the Web Conference, 2020: 1082-1092.

[326] LOUKAS A. What graph neural networks cannot learn: depth vs width [C]. In International Conference on Learning Representations, 2019.

[327] ZHAO L, AKOGLU L. PairNorm: tackling oversmoothing in GNNs [DB/OL]. [2020-02-26]. https://arxiv.org/abs/1909.12223.

[328] DENG S, WANG S, RANGWALA H, et al. Cola-GNN: cross location attention based graph neural networks for long-term ILI prediction [C]. In Proceedings of the 29th ACM International Conference on Information & Knowledge Management, 2020: 245-254.

[329] LU B, GAN X, JIN H, et al. Spatiotemporal adaptive gated graph convolution network for urban traffic flow forecasting [C]. In Proceedings of the 29th ACM International Conference on Information & Knowledge Management, 2020: 1025-1034.

[330] GUO S, LIN Y, FENG N, et al. Attention based spatial-temporal graph convolutional networks for traffic flow forecasting [C]. In Proceedings of the AAAI Conference on Artificial Intelligence, 2019 (33): 922-929.

[331] PARK C, LEE C, BAHNG H, et al. ST-GRAT: a novel spatio-temporal graph attention networks for accurately forecasting dynamically changing road speed [C]. In Proceedings of the 29th ACM International Conference on Information & Knowledge Management, 2020: 1215-1224.

[332] XIANG S, CHENG D, SHANG C, et al. Temporal and heterogeneous graph neural network for financial time series prediction [C]. In Proceedings of the 31st ACM International Conference on Information & Knowledge Management, 2022: 3584-3593.

[333] ZHANG W, ZHANG C, TSUNG F. GRELEN: multivariate time series anomaly detection from the perspective of graph relational learning [C]. In IJCAI, 2022: 2390-2397.

[334] HAN S, WOO S S. Learning sparse latent graph representations for anomaly detection in multivariate time series [C]. In Proceedings of the 28th ACM SIGKDD Conference on Knowledge Discovery and Data

Mining，2022：2977-2986.

[335] LI W，BAO R，HARIMOTO K，et al. Modeling the stock relation with graph network for overnight stock movement prediction [C]. In Proceedings of the Twenty-Ninth International Conference on International Joint Conferences on Artificial Intelligence，2021：4541-4547.

[336] ZHENG C，FAN X，WANG C，et al. GMAN：a graph multi-attention network for traffic prediction [C]. In Proceedings of the AAAI Conference on Artificial Intelligence，2020 (34)：1234-1241.

[337] SAWHNEY R，AGARWAL S，ARNAV WADHWA A，et al. Stock selection via spatiotemporal hypergraph attention network：a learning to rank approach [C]. In Proceedings of the AAAI Conference on Artificial Intelligence，2021 (35)：497-504.

[338] HOU M，XU C，LI Z，et al. Multi-granularity residual learning with confidence estimation for time series prediction [C]. In Proceedings of the ACM Web Conference，2022：112-121.

[339] LI Y，ZHANG X，QIAN B，et al. Towards interpretability and personalization：a predictive framework for clinical time-series analysis [C]. In 2021 IEEE International Conference on Data Mining (ICDM)，2021：340-349.

[340] YING Z，BOURGEOIS D，YOU J，et al. GNN Explainer：generating explanations for graph neural networks [C]. Advances in Neural Information Processing Systems，2019：32.

[341] PAN C，CHEN S，ORTEGA A. Spatio-temporal graph scattering transform [DB/OL]. [2021-02-09]. https：//arxiv.org/abs/2012.03363.

[342] SCHIRMER M，ELTAYEB M，LESSMANN S，et al. Modeling irregular time series with continuous recurrent units [C]. In International Conference on Machine Learning，2022：19388-19405.

[343] KE G，XU Z，ZHANG J，et al. Deep GBM：a deep learning framework distilled by GBDT for online prediction tasks [C]. In Proceedings of the 25th ACM SIGKDD International Conference on Knowledge Discovery & Data Mining，2019：384-394.

[344] XU M，DAI W，LIU C，et al. Spatial-temporal transformer networks for traffic flow forecasting [DB/OL]. [2021-03-29]. https：//arxiv.org/abs/2001.02908.

[345] WANG S，CAO J，HILIP S Y. Deep learning for spatio-temporal data

mining: a survey [J]. IEEE Transactions on Knowledge and Data Engineering, 2020, 34 (8): 3681–3700.

[346] MAAS A L, HANNUN A Y, NG A Y, et al. Rectifier nonlinearities improve neural network acoustic models [C]. In Proceedings of ICML, 2013 (30): 3.

[347] HENDRYCKS D, GIMPEL K. Gaussian error linear units (GELUs) [DB/OL]. [2023-06-06]. https://arxiv.org/abs/1606.08415.

[348] CUTURI M, BLONDEL M. Soft-DTW: a differentiable loss function for time-series [C]. In International Conference on Machine Learning, 2017: 894–903.

[349] BAGNALL A, DAU H A, LINES J, et al. The UEA multivariate time series classification archive [DB/OL]. [2018-10-31]. https://arxiv.org/abs/1811.00075.

[350] ASUNCION A, NEWMAN D. UCI machine learning repository [DB/OL]. [2007-03-18]. https://archive.ics.uci.edu/.

[351] WEI W W S. Multivariate time series analysis and applications [M]. Hoboken: John Wiley & Sons, 2018.

[352] DU S, LI T, YANG Y, et al. Multivariate time series forecasting via attention-based encoder-decoder framework [J]. Neurocomputing, 2020 (388): 269–279.

[353] CIABURRO G, IANNACE G. Machine learning-based algorithms to knowledge extraction from time series data: a review [J]. Data, 2021, 6 (6): 55.

[354] FENG S, XU C, ZUO Y, et al. Relation-aware dynamic attributed graph attention network for stocks recommendation [J]. Pattern Recognition, 2022 (121): 108–119.

[355] HASANI R, LECHNER M, AMINI A, et al. Liquid time constant networks [C]. In Proceedings of the AAAI Conference on Artificial Intelligence, 2021 (35): 7657–7666.

[356] SPADON G, HONG S, BRANDOLI B, et al. Pay attention to evolution: time series forecasting with deep graph-evolution learning [J]. IEEE Transactions on Pattern Analysis and Machine Intelligence, 2021, 44 (9): 5368–5384.

[357] SHAO Z, ZHANG Z, WANG F, et al. Pre-training enhanced spatial-temporal graph neural network for multivariate time series forecasting

[C]. In Proceedings of the 28th ACM SIGKDD Conference on Knowledge Discovery and Data Mining, 2022: 1567-1577.

[358] LI Z L, ZHANG G W, YU J, et al. Dynamic graph structure learning for multivariate time series forecasting [J]. Pattern Recognition, 2023 (138): 109-423.

[359] ZHANG D, XIAO F. Dynamic auto-structuring graph neural network: a joint learning framework for origin-destination demand prediction [J]. IEEE Transactions on Knowledge and Data Engineering, 2021, 35 (4): 3699-3711.

[360] ROBERTS S, OSBORNE M, EBDEN M, et al. Gaussian processes for time-series modelling [J]. Philosophical Transactions of the Royal Society A: Mathematical, Physical and Engineering Sciences, 2013 (371): 201-550.

[361] TORRES J F, HADJOUT D, SEBAA A, et al. Deep learning for time series forecasting: a survey [J]. Big Data, 2021, 9 (1): 3-21.

[362] SEN R, YU H F, DHILLON I S. Think globally, act locally: a deep neural network approach to high-dimensional time series forecasting [C]. Advances in Neural Information Processing Systems, 2019: 32.

[363] JIN W, MA Y, LIU X, et al. Graph structure learning for robust graph neural networks [C]. In Proceedings of the 26th ACM SIGKDD International Conference on Knowledge Discovery & Data Mining, 2020: 66-74.

[364] WANG Z, FAN J, WU H, et al. Representing multi-view timeseries graph structures for multivariate long-term time-series forecasting [J]. IEEE Transactions on Artificial Intelligence, 2023 (13): 157-201.

[365] TIAN H, ZHENG X, ZHAO K, et al. Inductive representation learning on dynamic stock co-movement graphs for stock predictions [J]. INFORMS Journal on Computing, 2022, 34 (4): 1940-1957.

[366] SRIRAMULU A, FOURRIER N, BERGMEIR C. Adaptive dependency learning graph neural networks [J]. Information Sciences, 2023 (625): 700-714.

[367] PAREJA A, DOMENICONI G, CHEN J, et al. EvolveGCN: evolving graph convolutional networks for dynamic graphs [C]. In Proceedings of the AAAI Conference on Artificial Intelligence, 2020 (34): 5363-5370.

[368] XIE Y, ZHANG Y, GONG M, et al. MGAT: multi-view graph attention networks [J]. Neural Networks, 2020 (132): 180–189.

[369] HSU Y L, TSAI Y C, LI C T. FinGAT: financial graph attention networks for recommending top-k profitable stocks [J]. IEEE Transactions on Knowledge and Data Engineering, 2021, 35 (1): 469–481.

[370] YU Y, SI X, HU C, et al. A review of recurrent neural networks: LSTM cells and network architectures [J]. Neural Computation, 2019, 31 (7): 1235–1270.

[371] BAI L, YAO L, LI C, et al. Adaptive graph convolutional recurrent network for traffic forecasting [C]. Advances in Neural Information Processing Systems, 2020 (33): 17804–17815.

[372] LIU Y, YANG L, YOU K, et al. Graph learning based on spatiotemporal smoothness for time-varying graph signal [J]. IEEE Access, 2019 (7): 62372–62386.

[373] ZIVOT E, WANG J. Vector autoregressive models for multivariate time series [J]. Modeling Financial Time Series with S–PLUS®, 2006: 385–429.

[374] HUANG S, WANG D, WU X, et al. DSANet: dual self-attention network for multivariate time series forecasting [C]. In Proceedings of the 28th ACM International Conference on Information and Knowledge Management, 2019: 2129–2132.

[375] FENG F, HE X, WANG X, et al. Temporal relational ranking for stock prediction [J]. ACM Transactions on Information Systems (TOIS), 2019, 37 (2): 1–30.

[376] MAS J F. Spatio-temporal dataset of COVID–19 outbreak in Mexico [J]. Data in Brief, 2021 (35): 106–843.

[377] SHUMOVSKAIA V, FEDYANIN K, SUKHAREV I, et al. Linking bank clients using graph neural networks powered by rich transactional data [J]. International Journal of Data Science and Analytics, 2021, 12 (2): 135–145.

[378] CHEN Y, WEI Z, HUANG X. Incorporating corporation relationship via graph convolutional neural networks for stock price prediction [C]. In Proceedings of the 27th ACM International Conference on Information and Knowledge Management, 2018: 1655–1658.

[379] BERGER-WOLF T Y, SAIA J. A framework for analysis of dynamic social networks [C]. In Proceedings of the 12th ACM SIGKDD International Conference on Knowledge Discovery and Data Mining, 2006: 523–528.

[380] MALIK O A, UBARU S, HORESH L, et al. Dynamic graph convolutional networks using the tensor M - product [C]. In Proceedings of the 2021 SIAM International Conference on Data Mining (SDM), 2021: 729–737.

[381] PIAGGESI S, PANISSON A. Time-varying graph representation learning via higher - order skip - gram with negative sampling [J]. EPJ Data Science, 2022, 11 (1): 33.

[382] JIANG R, YIN D, WANG Z, et al. DL–Traff: survey and benchmark of deep learning models for urban traffic prediction [C]. In Proceedings of the 30th ACM International Conference on Information & Knowledge Management, 2021: 4515–4525

[383] ABU-EL-HAIJA S, PEROZZI B, KAPOOR A, et al. MixHop: higher-order graph convolutional architectures via sparsified neighborhood mixing [C]. In International Conference on Machine Learning, 2019: 21–29.

[384] YU F, KOLTUN V. Multi - scale context aggregation by dilated convolutions [C]. In 4th International Conference on Learning Representations, 2016.

[385] DAUPHIN Y N, FAN A, AULI M, et al. Language modeling with gated convolutional networks [C]. In International Conference on Machine Learning, 2017: 933–941.

[386] CHEN M, WEI Z, HUANG Z, et al. Simple and deep graph convolutional networks [C]. In International Conference on Machine Learning, 2020: 1725–1735.

[387] DERR T, MA Y, TANG J. Signed graph convolutional networks [C]. In 2018 IEEE International Conference on Data Mining (ICDM), 2018: 929–934.

[388] KERNFELD E, KILMER M, AERON S. Tensor-tensor products with invertible linear transforms [J]. Linear Algebra and its Applications, 2015 (485): 545–570.

[389] KILMER M E, BRAMAN K, HAO N, et al. Third-order tensors as

operators on matrices: a theoretical and computational framework with applications in imaging [J]. SIAM Journal on Matrix Analysis and Applications, 2013, 34 (1): 148–172.

[390] DEFFERRARD M, BRESSON X, VANDERGHEYNST P. Convolutional neural networks on graphs with fast localized spectral filtering [C]. Advances in Neural Information Processing Systems, 2016: 29.

[391] BARIGOZZI M, BROWNLEES C. NETS: network estimation for time series [J]. Journal of Applied Econometrics, 2019, 34 (3): 347–364.

[392] FRANCIS X, DIEBOLD F X, KAMIL Y K. On the network topology of variance decompositions: measuring the connectedness of financial firms [J]. Journal of Econometrics, 2014, 182 (1): 119–134.

[393] DIEBOLD F X, YILMAZ K. Financial and macroeconomic connectedness: a network approach to measurement and monitoring [M]. Oxford: Oxford University Press, 2015.

[394] ENGLE R F, GALLO G M, MARGHERITA V M. Volatility spillovers in East Asian financial markets: a MEM-based approach [J]. Review of Economics and Statistics, 2012, 94 (1): 222–223.

[395] IBRAHIM S, CHEN W, ZHU Y, et al. Knowledge graph guided simultaneous forecasting and network learning for multivariate financial time series [C]. In Proceedings of the Third ACM International Conference on AI in Finance, 2022: 480–488.

[396] PARKINSON M. The extreme value method for estimating the variance of the rate of return [J]. Journal of Business, 1980 (3): 61–65.

[397] LEE C MC, MA P, WANG C C Y. Search - based peer firms: aggregating investor perceptions through internet co - searches [J]. Journal of Financial Economics, 2015, 116 (2): 410–431.

[398] LEDOIT O, WOLF M. A well - conditioned estimator for large - dimensional covariance matrices [J]. Journal of Multivariate Analysis, 2004, 88 (2): 365–411.

[399] JAGADEESH G R, DHINESH G R, SRIKANTHAN T. Method for accuracy assessment of aggregated freeway traffic data [J]. IET Intelligent Transport Systems, 2014, 8 (4): 407 - 414.

[400] SIMS C A. Macroeconomics and reality [J]. Journal of the Econometric Society, 1980, 34 (3): 1–48.

[401] BREIMAN L. Random forests [J]. Machine Learning, 2001 (45):

5-32.

[402] BUITINCK L, LOUPPE G, BLONDEL M. API design for machine learning software: experiences from the scikit-learn project [C]. In ECML/PKDD 2013 Workshop: Languages for Data Mining and Machine Learning, 2013.

[403] BERGSTRA J, YAMINS D, COX D. Making a science of model search: hyperparameter optimization in hundreds of dimensions for vision architectures [C]. In International Conference on Machine Learning, 2013: 115-123.

[404] CORMEN T H, LEISERSON C E, RIVEST R L, et al. Introduction to algorithms [M]. Cambridge: MIT press, 2022.

[405] SCHRIJVER A. Combinatorial optimization: polyhedra and efficiency [M]. Berlin: Springer, 2003: 24.

[406] GARMENDIA A I, CEBERIO J, ALEXANDER M A. Applicability of neural combinatorial optimization: a critical view [J]. ACM Transactions on Evolutionary Learning, 2024.

[407] SAHOO S S, PAULUS A, VLASTELICA M, et al. Backpropagation through combinatorial algorithms: identity with projection works [C]. In the Eleventh International Conference on Learning Representations, 2023.

[408] ZHENG S, JAYASUMANA S, ROMERA - PAREDES B, et al. Conditional random fields as recurrent neural networks [C]. In Proceedings of the IEEE International Conference on Computer Vision, 2015: 1529-1537.

[409] BOYKOV Y, VEKSLER O, ZABIH R. Fast approximate energy minimization via graph cuts [J]. IEEE Transactions on Pattern Analysis and Machine Intelligence, 2001, 23 (11): 1222-1239.

[410] MARIN D, TANG M, AYED I B, et al. Beyond gradient descent for regularized segmentation losses [C]. In Proceedings of the IEEE/CVF Conference on Computer Vision and Pattern Recognition, 2019: 10187-10196.

[411] LIN D, DAI J, JIA J, et al. ScribbleSup: scribble - supervised convolutional networks for semantic segmentation [C]. In Proceedings of the IEEE Conference on Computer Vision and Pattern Recognition, 2016: 3159-3167.

[412] CAPPART Q, CHÉTELAT D, KHALIL E B, et al. Combinatorial optimization and reasoning with graph neural networks [J]. Journal of Machine Learning Research, 2023, 24 (130): 1-61.

[413] TSCHIATSCHEK S, SAHIN A, KRAUSE A. Differentiable submodular maximization [DB/OL]. [2018-06-14]. https://arxiv.org/abs/1803.01785.

[414] MENSCH A, BLONDEL M. Differentiable dynamic programming for structured prediction and attention [C]. In International Conference on Machine Learning, 2018: 3462-3471.

[415] CHANG C Y, HUANG D A, SUI Y, et al. D3TW: discriminative differentiable dynamic time warping for weakly supervised action alignment and segmentation [C]. In Proceedings of the IEEE/CVF Conference on Computer Vision and Pattern Recognition, 2019: 3546-3555.

[416] POGANČIĆ M V, PAULUS A, MUSIL V, et al. Differentiation of blackbox combinatorial solvers [C]. In International Conference on Learning Representations, 2019.

[417] MICHAL ROLÍNEK M, PAUL SWOBODA P, DOMINIK ZIETLOW D, et al. Deep graph matching via blackbox differentiation of combinatorial solvers [C]. In Proceedings of the European Conference on Computer Vision (ECCV), 2020: 407-424.

[418] AMOS B, KOLTER J Z. OptNet: differentiable optimization as a layer in neural networks [C]. In International Conference on Machine Learning, 2017: 136-145.

[419] AGRAWAL A, AMOS B, SHANE B S, et al. Differentiable convex optimization layers [C]. Advances in Neural Information Processing Systems, 2019: 32.

[420] WILDER B, DILKINA B, TAMBE M. Melding the data-decisions pipeline: decision-focused learning for combinatorial optimization [C]. In Proceedings of the AAAI Conference on Artificial Intelligence, 2019 (33): 1658-1665.

[421] 严骏驰.组合优化问题的机器学习求解初探：以图匹配问题的研究进展为例[J].中国基础科学，2022，24（3）：63-68.

[422] FERBER A, WILDER B, DILKINA B, et al. MIPaaL: mixed integer program as a layer [C]. In Proceedings of the AAAI Conference on

Artificial Intelligence, 2020 (34): 1504-1511.

[423] JANG E, GU S, POOLE B. Categorical reparameterization with Gumbel-Softmax [DB/OL]. [2017-08-05]. https://arxiv. org/abs/1611.01144.

[424] CLARKE F H. Generalized gradients and applications [J]. Transactions of the American Mathematical Society, 1975 (205): 247-262.

[425] EVANS L C. Measure theory and fine properties of functions [M]. London: Routledge, 2018.

[426] REDDING N, DOWNS T. Learning in feedforward networks with nonsmooth functions [C]. Advances in Neural Information Processing Systems, 1991: 4.

[427] DASGUPTA S, PAPADIMITRIOU C H, VAZIRANI U V. Algorithms [M]. New York: McGrawHill Higher Education, 2008.

[428] LEND L S, ĆUSTIĆ A, PUNNEN A P. Combinatorial optimization with interaction costs: complexity and solvable cases [J]. Discrete Optimization, 2019 (33): 101-117.

[429] ZAGORUYKO S, KOMODAKIS N. Wide residual networks [DB/OL]. [2017-06-14]. https://arxiv.org/abs/1605.07146.

[430] NEEDLEMAN S B, WUNSCH C D. A general method applicable to the search for similarities in the amino acid sequence of two proteins [J]. Journal of Molecular Biology, 1970, 48 (3): 443-453.

[431] LUONG M T, PHAM H, MANNING C D. Effective approaches to attention based neural machine translation [DB/OL]. [2015-09-20]. https://arxiv.org/abs/1508.04025.

[432] HU Z, SHI H, TAN B, et al. Texar: a modularized, versatile, and extensible toolkit for text generation [DB/OL]. [2019-07-04]. https://arxiv.org/abs/1809.00794.

[433] KUSNER M J, HERNÁNDEZ-LOBATO J M. GANs for sequences of discrete elements with the Gumbel-Softmax distribution [DB/OL]. [2016-11-12]. https://arxiv.org/abs/1611.04051.

[434] DJOLONGA J, KRAUSE A. Differentiable learning of submodular models [C]. Advances in Neural Information Processing Systems, 2017: 30.

[435] NAPOLES C, GORMLEY M R, DURME B V. An notated gigaword [C]. In Proceedings of the Joint Workshop on Automatic Knowledge

Base Construction and Web - scale Knowledge Extraction （AKBC-WEKEX），2012：95–100.

[436] CHEN L， ZHANG Y， ZHANG R， et al. Improving sequence - to - sequence learning via optimal transport [DB/OL]. [2019–01–18]. https：//arxiv.org/abs/1901.06283.

[437] LIU H， GU X， DIMITRIS S D. A two-step computation of the exact GAN Wasserstein distance [C]. In International Conference on Machine Learning，2018：3159–3168.

索引